Uni-Taschenbücher 665

UTB

Eine Arbeitsgemeinschaft der Verlage

Birkhäuser Verlag Basel und Stuttgart
Wilhelm Fink Verlag München
Gustav Fischer Verlag Stuttgart
Francke Verlag München
Paul Haupt Verlag Bern und Stuttgart
Dr. Alfred Hüthig Verlag Heidelberg
Leske Verlag + Budrich GmbH Opladen
J. C. B. Mohr (Paul Siebeck) Tübingen
C. F. Müller Juristischer Verlag – R. v. Decker's Verlag Heidelberg
Quelle & Meyer Heidelberg
Ernst Reinhardt Verlag München und Basel
F. K. Schattauer Verlag Stuttgart-New York
Ferdinand Schöningh Verlag Paderborn
Dr. Dietrich Steinkopff Verlag Darmstadt
Eugen Ulmer Verlag Stuttgart
Vandenhoeck & Ruprecht in Göttingen und Zürich
Verlag Dokumentation München

Willi Wirths

Ernährungssituation 1

Entwicklung und Datenanalyse
dargestellt insbesondere am Beispiel
der Bundesrepublik Deutschland

UTB 664

Ernährungssituation 2

Datenanalyse zur Versorgung
der Erdbevölkerung

UTB 665

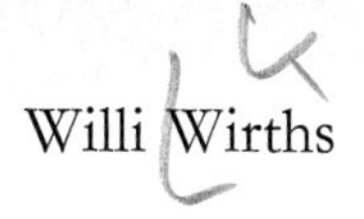

Willi Wirths

Ernährungssituation 2

Datenanalyse zur Versorgung der Erdbevölkerung

Mit 14 Tabellen und 5 Abbildungen

Ferdinand Schöningh, Paderborn

Der Autor, Prof. Dr. Willi Wirths: seit 1949 am Max-Planck-Institut für Arbeitsphysiologie, 1956 Max-Planck-Institut für Ernährungsphysiologie in Dortmund, 1961 Habilitation, Hochschullehrer an der Universität Bonn und der PH Rheinland, Abt. Bonn.

CIP-Kurztitelaufnahme der Deutschen Bibliothek

Wirths, Willi

Ernährungssituation. — Paderborn: Schöningh.
2. Datenanalyse zur Versorgung
der Erdbevölkerung. — 1. Aufl. — 1978
(Uni-Taschenbücher; 665)
ISBN 3-506-99218-X

Herstellung: Ferdinand Schöningh, Paderborn.

Einbandgestaltung: Alfred Krugmann, Stuttgart.

ISBN 3-506-99218-X

Inhaltsverzeichnis

Vorwort

Fragen der Ernährung der Weltbevölkerung gehören zu den dringendsten Problemen unserer Zeit. Ohne ihre befriedigende Lösung wird es auch für manche anderen politischen Probleme keine Lösung geben. Aber die Problematik ist so vielschichtig, daß es mit Sicherheit keine Patentlösung geben kann.
Wer auf diesem Gebiet ernsthaft mitreden, oder, was noch wichtiger wäre, mitdenken will, muß über ein erhebliches Maß von Wissen über die derzeitige Ernährungssituation in den verschiedenen Ländern der Erde verfügen. Nicht nur der Gegensatz von Entwicklungsländern und entwickelten Ländern ist zu beachten, sondern es muß auf die von Land zu Land verschiedene Versorgungslage, auf die spezielle Mangelsituation und auf die Möglichkeiten ihrer Überwindung eingegangen werden.
Es ist daher verdienstvoll, daß Professor Wirths ein großes statistisches Material über die derzeitige Ernährungssituation in den einzelnen Ländern der Welt zusammengetragen und ernährungsphysiologisch ausgewertet hat.
Das Buch ist in einen allgemeinen Teil und in einen speziellen Teil gegliedert, der sich mit Welthandelsfragen und mit einzelnen Nahrungsmittelgruppen beschäftigt. Viele werden es begrüßen, daß vor den statistischen Daten eine Übersicht über die internationalen Organisationen geboten wird, die auf dem Gebiet der Nahrungsversorgung tätig sind.
Mehr als die Hälfte des allgemeinen Teils nehmen die Kapitel „Nahrungsversorgung der Erdbevölkerung“ und „Beurteilung der Versorgungssituation“ in Anspruch. Besondere Erwähnung verdienen auch die Kapitel „Tragfähigkeit der Erde“ und „Der Nahrungsraum und seine Erweiterungsmöglichkeit“.
Auch alle anderen Kapitel tragen dazu bei, die Vielschichtigkeit der Ernährungsprobleme aufzudecken und ihr Gewicht hervorzuheben. Das Buch wird sowohl für den Fachmann als auch für den interessierten Laien eine Quelle wertvoller Information sein.

Heinrich Kraut

Abkürzungen

ACMRR	Ausschuß für die Erforschung der Meeresschätze
BML	Bundesministerium für Ernährung, Landwirtschaft und Forsten
d	Tag (dies)
DGE	Deutsche Gesellschaft für Ernährung
DNS	Desoxyribonukleinsäure
FAO	Food and Agriculture Organization
FFHC	Freedom from Hunger Campaign
GATT	General Agreement on Tariffs and Trade
GE	Getreideeinheit
h	Stunde (hora)
ha	Hektar
IBRD	International Bank for Reconstruction and Development (Weltbank)
ICNND	Interdepartmental Committee for National Nutrition and Defense
ILO	International Labour Organization
IPPF	Internationaler Verband für Familienplanung
IWC	Internationaler Weizenrat
IWP	Indicative World Plan
JN	Jahresnahrung (1 Mill. kcal oder 4,2 Mill. kJ)
kcal	Kilokalorie
KG	Körpergewicht
kJ	Kilojoule
LN	Landwirtschaftliche Nutzfläche
MJ	Megajoule (1000 kJ)
NRC	National Research Council

OECD	Organization for Economic Cooperation and Development
PAG	Protein Advisory Group
RDA	Recommended Dietary Allowances
RNS	Ribonukleinsäure
SCP	Single-Cell-Protein
t	Tonne
TVP	Texture Vegetable Protein
UNDP	United Nations Development Programme
UNESCO	United Nations Economic, Social and Cultural Organization
UNHCR	Office of the United Nations High Commissioner for Refugees
UNICEF	United Nations Children's Fund
UNRRA	United Nations Relief and Rehabilitation Administration
VN	Vereinte Nationen, auch UN = United Nations
WFP	World Food Programme
WHO	World Health Organization

1. Einführung

Bei Diskussionen über die Welternährungslage zeigen sich wesentlich voneinander abweichende Beurteilungen und entgegengesetzte Prognosen. Auf der einen Seite werden für die nächsten drei Jahrzehnte wegen des in den Entwicklungsländern andauernden raschen Wachstums der Bevölkerung zunehmender Nahrungsmangel, teilweise sogar Hungerkatastrophen in weiten Teilen der Erde erwartet. Von anderer Seite werden derartige Prognosen als unbegründet oder zumindest weit übertrieben abgelehnt. Anhänger dieser Richtung verweisen vor allem auf die Errungenschaften von Wissenschaft und Technik, durch die die Lebensmittelerzeugung derart revolutioniert und erweitert werden könnte, daß eine Weltkatastrophe nicht zu befürchten sei. Es wird sogar innerhalb der nächsten zehn Jahre die Bildung von Überschüssen über den Inlandsbedarf hinaus in verschiedenen bisher von Nahrungsnot bedrohten Entwicklungsländern für möglich gehalten. Auch wird der Hoffnung Ausdruck gegeben, das rasche Bevölkerungswachstum werde wirtschaftsfördernde Wirkungen auslösen und damit ebenfalls zu vermehrter Produktion von Lebensmitteln anregen.

Eine sachgerechte Beurteilung der Welternährungsproblematik ist wegen der Vielschichtigkeit der damit zusammenhängenden Fragen äußerst schwierig. Sie erfordert auch Kenntnis der Kräfte des wirtschaftlichen, gesellschaftlichen und demographischen Wandels, der technischen wie auch sozio-ökonomischen Möglichkeiten und Bestimmungsgründe der landwirtschaftlichen Produktion, ferner der Investitions-, Finanzierungs-, Welthandels- und Transportfragen. Die Interdependenz von Bevölkerungswachstum, Wirtschaftsentwicklung und Nahrungsproduktion und die Grundlagen und Veränderungen des menschlichen Verhaltens unter den jeweiligen Gegebenheiten sind von gleicher Bedeutung. Jede Vorausschau wird durch die mit der Prognose verbundenen Unsicherheiten stark erschwert. Dies gilt vor allem für die Entwicklungsländer, in denen das Ernährungsproblem besonders dringlich ist. Schlußfolgerungen aus den Ernährungsbilanzen der Erde und vor allem eines Landes haben nur begrenzten Aussagewert.

1.1 Meinungen und Auffassungen

Der englische Geistliche und Nationalökonom MALTHUS war nicht der erste, der sich eingehender mit der Frage über Bevölkerungswachstum und Nahrungsversorgung befaßte, wenngleich sein Name häufig als Ausgangspunkt in Diskussionen und Abhandlungen zu dieser Thematik gebraucht wird.

Bereits in der Antike machten sich die herrschenden Schichten der Völker Sorge um das Problem der Überbevölkerung, wie aus Schriften von PLATO und ARISTOTELES hervorgeht. Die Gedankengänge lassen sich bis in die Ausgangszeit des Mittelalters fortsetzen. Etwa 200 Jahre vor MALTHUS befaßten sich sein Landsmann RALEIGH sowie der Italiener BOTERO mit der Frage der Überbevölkerung. Sie gelangten zu einer ähnlichen Ansicht, wie Malthus sie später vertrat. Auch die noch vor Malthus lebenden Italiener GENOVESI und ORTES, der Engländer HALE, der Franzose CANTILLON sowie der deutsche Nationalökonom MÖSER können als ideenmäßige Vorgänger von Malthus bezeichnet werden.

Diese Auffassungen seiner Vorgänger sind von Malthus konstruktiv erläutert worden. Malthus' Anschauung kann als eine Reaktion gegen die in seiner Zeit vorherrschenden merkantilistischen Auffassungen angesehen werden. Die Annahme von MALTHUS (1798), die er seinem „Essay on the Principle of Population" zugrunde legt, worauf er seine Gedankenfolgerungen aufbaut, bildet eine von den dominierenden Lehren abweichende pessimistische Auffassung der Bevölkerungsfrage. Nach diesem Bevölkerungsgesetz bewirkt die natürliche Vermehrung der Menschen einen Zuwachs in geometrischer Progression, während die Nahrungsmittelerzeugung nur in arithmetischer Reihe zunimmt. Letzteres sei im wesentlichen die Folge des abnehmenden Bodenertragszuwachses.

Malthusianismus ist eine Bevölkerungstheorie, in der behauptet wird, die Zahl einer Bevölkerung werde vom Subsistenzmittelspielraum begrenzt und bestimmt.
De facto entwickelt sich aber das Wachstum einzelner Völker sowie das von Gruppen einzelner Völker nicht geometrisch, also nicht gleichmäßig. Eine arithmetische Zunahme der Lebensmittelproduktion gibt es ebensowenig.
Zu Zeiten Malthus' und nach seiner Zeit waren die Meinungen bis zur Gegenwart nicht einheitlich. In der zweiten Hälfte des 19. Jahrhunderts läßt sich eine Anerkennung der Malthus'schen Lehre bei RÜMELIN, ROSCHER, WAGNER und SCHMOLLER feststellen. Zur gleichen Zeit können OPPENHEIMER, WOLF, MOMBERT und BRENTANO als Gegner von Malthus angesehen werden. Einige waren sogar Anhänger der Theorie der *Entvölkerung* der Erde, die in den letzten Dezennien des vorigen Jahrhunderts stärker verbreitet war.
Mit diesen wenigen Hinweisen möge erkannt werden, wie unterschiedlich die Problematik über das Wachstum der Bevölkerung und der Lebensmittelerzeugung war. Auch in der Gegenwart sind die Meinungen geteilt. Auffällig in der heutigen Zeit ist außerdem, daß es nicht an Referenten mangelt, die sich mit dem Problem zwar befassen, aber primär im Hinblick darauf, Beunruhigung zu erzeugen. Die Auffassungen solcher Autoren veranlassen, sich eingehender mit der sich ergebenden komplexen Fragestellung auseinanderzusetzen.

ALLGEMEINER TEIL

2. International tätige Organisationen auf dem Gebiet der Nahrungsversorgung, Deutsche Welthungerhilfe

Einen weitgehend objektiven Überblick der augenblicklichen Verhältnisse, zugleich einen Ausblick auf die zukünftige Situation, können Unterlagen und Ausarbeitungen über die Entwicklung der Bevölkerung und Lebensmittelproduktion, vor allem der Food and Agriculture Organization (FAO) und der World Health Organization (WHO), bieten. Produktions- und Verbrauchsdaten sowie Bevölkerungszahlen der FAO sollen dafür verwendet werden. Mit derartigen Hilfsmitteln lassen sich der gegenwärtige Stand und ein gewisser Aussagewert über die zukünftigen Möglichkeiten der Nahrungsversorgung der Weltbevölkerung ableiten.

2.1 Food and Agriculture Organization (FAO)

2.1.1 Vorläufer der FAO

Der Gedanke, durch internationale Zusammenarbeit die Ernährungs- und Landwirtschaft zu verbessern und zu stabilisieren, beschäftigte führende Kräfte Europas bereits im vorigen Jahrhundert. Eine Agrarkrise brachte gegen Ende des neunzehnten Jahrhunderts 24 europäische Länder dazu, sich zu einer Gemeinschaft zusammenzuschließen. 1899 gründeten diese Staaten in Paris die „Internationale Agrarkommission". 1905 kamen 40 Staaten überein, ein internationales Landwirtschaftsinstitut mit Sitz in Rom zu gründen. Nach dem Zweiten Weltkrieg, als die Ernährungslage in vielen Ländern äußerst prekär war, berief US-Präsident ROOSEVELT eine Konferenz in Hot Springs ein, an der sich 24 Staaten beteiligten. Die an dieser Konferenz teilnehmenden Delegierten vertraten etwa 80% der Erdbevölkerung.

Die Konferenzteilnehmer waren der Überzeugung, daß zwei Drittel der Menschheit schlecht ernährt seien, obwohl ein gleicher Anteil der Erdbevölkerung Landwirtschaft betriebe. Man setzte sich zum Ziel, alle Menschen mit genügend Nahrung zu versorgen. Dafür wurde ein Programm mit 7 Punkten beschlossen.

Jeder Staat sollte in erster Linie selbst die Initiative ergreifen, um die zur Erhaltung von Leben und Gesundheit notwendige Nahrung zu beschaffen. Die Konferenz empfahl den Regierungen der beteiligten Länder, die Ergebnisse und Empfehlungen der Konferenz anzuerkennen und sich zu verpflichten, bald eine gemeinsame Aussprache über Probleme, die im Rahmen dieser Konferenz nicht behandelt worden waren, herbeizuführen.

Der 16. 10. 1945 war der Gründungstag der FAO. Ab 1. 4. 1951 wurde der ständige Sitz der FAO von Washington, D. C., nach Rom verlegt.

2.1.2 Aufbau der FAO

Die *Vollversammlung* wird durch die weit über 100 Mitgliedsländer repräsentiert. Sie tritt alle 2 Jahre zusammen. Jedes Land hat bei Abstimmungen eine Stimme. Die Beschlüsse der Vollversammlung werden mit einfacher Mehrheit gefaßt. Die Delegierten wählen den Generaldirektor und legen das Arbeitsprogramm sowie das Budget fest. Die Vollversammlung kann technische, ständige, regionale und sonstige Ausschüsse einsetzen sowie Sondertagungen dieser Ausschüsse einberufen.

Der *Rat* ist das ständige Exekutivorgan der Vollversammlung. Die Mitglieder des Rats werden durch die Vollversammlung gewählt. Der Rat verfolgt kontinuierlich die ernährungs- und landwirtschaftliche Entwicklung in der Welt. Er unterhält mehrere ständige Ausschüsse und arbeitet Empfehlungen aus, die an die Mitgliedstaaten, internationale Institutionen und die übrigen Sonderorganisationen der Vereinten Nationen weitergeleitet werden.

Der *Generaldirektor* wird durch die Vollversammlung bestimmt. Er besitzt Vollmachten, die von der Vollversammlung und dem Rat der FAO geprüft werden. Dem Generaldirektor stehen ein Generalsekretariat, eine Abteilung für Finanz- und Verwaltungsangelegenheiten, eine Abteilung für technischen Hilfsdienst und außerdem fünf technische Abteilungen (Landwirtschaft, Ernährung, Forstwirtschaft, Fischerei und Volkswirtschaft) zur Verfügung.

Das Personal der Organisation untersteht dem Generaldirektor. Die Mitgliedstaaten verpflichten sich, den internationalen Charakter der Aufgaben des Personals zu achten und nichts zu unternehmen, um ihre eigenen Staatsangehörigen bei der Erfüllung dieser Aufgaben zu beeinflussen. Um den Bedürfnissen der verschiedenen Gebiete gerecht zu werden, ist die Erde in Regionen eingeteilt. Regionalbüros befinden sich in Accra und Nairobi für Afrika; Washington, D. C., für Nordamerika; Santiago, Mexico City, Rio de Janeiro für Lateinamerika; Kairo für Naher Osten; New Delhi, Bangkok für Ferner Osten, Asien; Genf für Europa und bei der UNO. Durch Konsultation mit den Vertretern der in den Regionen zusammengefaßten Staaten können die Sonderbedürfnisse verschiedener Gebiete besser erkannt und entsprechende Maßnahmen zur Behebung von Mängeln durchgeführt werden.

2.1.3 Aufgaben der FAO

Die FAO hat sich zum Ziel gesetzt, den Ernährungs- und Lebensstandard der Völker zu heben, die Erzeugung und Verteilung der landwirtschaftlichen Erzeugnisse zu sichern, die Lebensbedingungen der in der Landwirtschaft tätigen Bevölkerung zu bessern und zur Ausweitung der Weltwirtschaft beizutragen. Sie gewährt auf Wunsch der Mitgliedstaaten technische Unterstützung und ergreift Maßnahmen, um diese Ziele zu verwirklichen. Da die FAO nicht in die Souveränität der Mitgliedstaaten eingreifen kann, muß sie sich auf Vorschläge und Empfehlungen beschränken, deren Durchführung von der Annahme durch die Mitgliedstaaten abhängt.

Entschließt sich ein Land, mit einem Problem auf dem Ernährungs- oder Landwirtschaftssektor an die FAO heranzutreten, so wird ein häufig langwieriges Verfahren über das zuständige Regionalbüro in Gang gesetzt. Da die FAO den Vereinten Nationen unterstellt ist und eng mit anderen internationalen Organisationen zusammenarbeitet, ist es meistens nötig, den Standpunkt folgender Organisationen zu dem Projekt einzuholen: International Labour Organization (ILO), United Nations Economic, Social and Cultural Organization (UNESCO), World Health Organization (WHO), World Bank (IBRD), United Nations Development Program (UNDP), United Nations Children's Fund (UNICEF) und Office of the United Nations High Commissioner for Refugees (UNHCR).

Die Situation in der Welternährung wurde durch die FAO in Zusammenarbeit mit vielen Ländern der Erde untersucht, die Ergebnisse in „World Food Surveys" publiziert. Sie ergeben ein zusammenhängendes Bild der Ernährungslage seit 1934. Die erste dieser Erhebungen wurde 1946 veröffentlicht. Sie bezieht sich auf Daten aus den Jahren 1934 bis 1938. In den Gebieten mit etwa 50% der Erdbevölkerung erreichte damals die dort verfügbare Ernährung im Durchschnitt weniger als 2250 kcal (9415 kJ) pro Kopf und Tag. Nur etwa ein Drittel der Erdbevölkerung verfügte über Lebensmittel mit insgesamt etwa 2750 kcal (11 510 kJ) pro Kopf und Tag.

Der zweite „World Food Survey" (1952) ergab, daß 59% der Erdbevölkerung mit 2200 kcal (9205 kJ) pro Kopf und Tag auskommen mußten, 28% der Bevölkerung hatten täglich etwa 2700 kcal (11 295 kJ), die übrigen 13% hatten eine Versorgung zwischen diesen Werten. In weiten Gebieten der Erde war somit die tägliche Energiezufuhr pro Kopf fünf Jahre nach dem Zweiten Weltkrieg niedriger als vor dem Krieg. In den Entwicklungsländern hatte sich die Ernährungslage wesentlich verschlechtert. Die Zufuhr an Protein tierischer Herkunft lag unterhalb der bereits geringen Zufuhr vor dem Kriege, während die Menge der Brennwerte, die aus Cerealien, Knollen, Wurzeln und Zucker stammten, ungünstig hoch war.

Die dritte und längste Ernährungserhebung umfaßt die Jahre 1957—60. Die Daten konnten aus mehr als 80 Ländern der Erde zusammengestellt werden. Rund 95% der Erdbevölkerung wurden erfaßt. Die Auswertung ergab, daß Verbesserungen in der Ernährung vorwiegend in den wirtschaftlich besser gestellten Ländern eingetreten waren. Wenn auch in den Entwicklungsländern mit Ausnahme der des Fernen Ostens die Energiezufuhr die Höhe des Bedarfs im Durchschnitt erreicht hat, so lag sie gebietsweise dennoch unterhalb des Bedarfs. Rund 20% der Bevölkerung in den Entwicklungsländern waren zu gering versorgt. Verbesserungen wurden in der qualitativen Nahrungszusammensetzung hauptsächlich in den zivilisierten Ländern beobachtet. In den Entwicklungsländern wurde demgegenüber kaum der bereits unzureichende Vorkriegszustand erreicht. Ein hoher Anteil der Bevölkerung mit niedrigem Lebensstandard ist auf eine im Nährwert unzureichende Ernährung angewiesen. 80% des Energiebedarfs wurden aus Cerealien, stärkehaltigen Knollen, Wurzeln und Zucker gedeckt. Als Schlußfolgerung aus dieser dritten Ernährungserhebung geht nach einer Interpretation der FAO hervor, daß 10—15% der gesamten Erdbevölkerung Hunger leiden und etwa die Hälfte fehlernährt ist.

Probleme der Ernährung bilden einen wesentlichen Teil der Aufgaben von FAO und WHO. Eine Abgrenzung zwischen diesen beiden Organisationen in der Bearbeitung von Ernährungsfragen kann wie folgt geschehen:

Bei der FAO spielt die Behandlung des Gesamtkomplexes *Nahrung und Ernährung* eine primäre Rolle. Bei der WHO, der für die Gesundheit der Erdbevölkerung verantwortlichen Organisation, stehen Ernährungsfragen im Vordergrund in bezug auf Erhaltung von Gesundheit und Vorbeugung von Erkrankungen. Bei der FAO liegt das Schwergewicht der Behandlung von Ernährungsfragen auf der Produktion, der Verteilung und dem Verbrauch der Nahrung.

Über die gegenwärtigen Arbeiten der FAO vermittelt eine kleine Broschüre den besten Überblick (FAO 1977).

2.1.4 Abteilungen der FAO

Die FAO unterhält innerhalb des Technical Departments 7 Abteilungen, bei denen die Durchführung praktischer Aufgaben auf allen Gebieten von Landwirtschaft und Ernährung liegt. Die Bezeichnungen der Abteilungen lauten:

Rural Institutions and Services Division,
Animal Production and Health Division,

Forestry and Forest Products Division,
Land and Water Development Division,
Plant Production and Protection Division,
Fisheries Division,
Nutrition Division.

2.1.5 Ernährungsabteilung der FAO

Die Nutrition Division gliedert sich in vier fachlich verschieden ausgerichtete Unterabteilungen:

Food Consumption and Planning Branch,
Food Science and Technology Branch,
Home Economics Branch,
Applied Nutrition Branch.

Food Consumption and Planning Branch: In ihr Aufgabengebiet fällt die Orientierung über Pläne für Produktion und wirtschaftliche Entwicklung der zu unterstützenden Länder. Es werden Informationen über Nahrungsquellen und Nahrungsverbrauch gesammelt. Die Feststellung des Nährstoffbedarfs und die Übertragung der hierbei ermittelten Zahlen, entsprechend Produktionsmöglichkeiten und Ernährungsgewohnheiten, auf die zu verzehrenden Lebensmittel, untersteht ebenfalls dieser Unterabteilung.

Food Science and Technology Branch: Sehr viele Lebensmittel gehen dem menschlichen Verzehr verloren, geeignete Methoden für Lagerung oder Haltbarmachung fehlen oder werden insbesondere in Entwicklungsländern nicht sachgemäß angewendet. In Afrika — so ist häufig berichtet worden — arbeiten noch von je drei Personen einer nur für das, was an Lebensmitteln verloren geht. Die Effizienz menschlicher Arbeitskräfte ist in den entwicklungsfähigen Ländern sehr gering.

Die Aufgaben der Unterabteilung lassen sich wie folgt zusammenfassen:

Anwendung moderner Be- und Verarbeitungsmethoden von Lebensmitteln

Verbesserung traditioneller Be- und Verarbeitungsmethoden

Probleme der Be- und Verarbeitung von proteinreichen Produkten, Sojabohnen, Erdnuß-, Baumwollsamen-, Sesamkuchen, Fisch- und Fleischmehl
Lebensmittelkontrolle, Lebensmittelgesetzgebung, Zusatzstoffe zu Lebensmitteln und Lebensmittelstandards.
Home Economics Branch: Noch mehr als in zivilisierten Ländern steht in entwicklungsfähigen Ländern der Lebensstandard innerhalb eines Haushalts in Wechselbeziehung zum Ausbildungsstand der Hausfrau in allen Fragen der Hauswirtschaft, insbesondere der Ernährung. Erziehung und Ausbildung der Hausfrauen sind ein wesentliches Anliegen dieser Unterabteilung.
Applied Nutrition Branch: Die größte aller Unterabteilungen sieht ihre primäre Aufgabe darin, die Regierungen, insbesondere die von Entwicklungsländern, bei der Aufstellung von Nutrition Services zu beraten. Weitere Aufgaben sind Einsatz und Aktivierung von Food and Nutrition Boards (Ausschüssen für Ernährungsfragen). Die Beratung erstreckt sich auf Aufbau und Verwaltung sowie das Auffinden von möglichen Lösungen für die Behebung von Ernährungsproblemen. Eine andere Aufgabe betrifft die Planung, Vorbereitung und Durchführung von Ernährungsprogrammen, die der Entwicklungshilfe dienen.
Auch weitere Organisationen oder Abteilungen der United Nations befassen sich mit einem großen Verwaltungsapparat, vornehmlich in den Entwicklungsländern, mit der Bereitstellung einer vollwertigen und ausreichenden Ernährung. Neben der FAO und WHO sind es:
United Nations Children Emergency Fund (UNICEF). Das Tätigkeitsfeld dieser Organisation betrifft in erster Linie Maßnahmen zur Erhaltung von Gesundheit und Wohlergehen der Kinder. Bei der Versorgung von Mutter und Kind befaßt sie sich mit sog. protective food (Schutznahrungsmitteln), z. B. Trockenmilch.
International Labour Organization (ILO). Die ILO behandelt u. a. Fragen der vollwertigen Ernährung des arbeitenden Menschen im Zusammenhang der Erhaltung der Leistungsfähigkeit.
United Nations Educational Scientific and Cultural Organization (UNESCO). Die UNESCO bearbeitet Fragen der Ernährungserziehung in Schulen und mit Ernährungsbildung.

2.2 World Health Organization (WHO)

Die WHO wurde 1948 gegründet. Im Unterschied zu ihren Vorläufern begnügt sie sich nicht damit, bereits entstandene Epidemien zu bekämpfen.

Ihre Aufgabe besteht einerseits darin, präventiv die Ausbreitung von Seuchen zu verhüten. Eine ihrer weiteren wesentlichen Aufgaben ist, Kenntnisse zu verbreiten und an der Ausbildung eines Stabes von Personen für die Bekämpfung von Krankheiten, für Hygiene und Ernährung mitzuwirken. Zu den technischen Aufgaben der Organisation gehören die Sammlung und Verbreitung von Nachrichten über epidemische Krankheiten, die Anfertigung von Gesundheitsstatistiken und die Herausgabe von Informationen über neue Forschungsergebnisse, die der Gesundheit dienen.

2.3 International Labour Organization (ILO)

Der internationale Arbeitsschutz kam zu Beginn des 19. Jahrhunderts mit der Industrialisierung auf. Im Unterschied zu den anderen Sonderorganisationen bestehen die Gremien der ILO nicht nur aus Regierungsvertretern, sondern auch aus Arbeitnehmern, die in ihrer Meinungsäußerung unabhängig sind. Das Internationale Arbeitsamt (Genf) ist das ständige Sekretariat der ILO. Es gilt als das bedeutendste sozialpolitische Forschungszentrum der Welt. Neben seinen Forschungsarbeiten sammelt und verteilt es Informationen, gibt Veröffentlichungen heraus und steht Regierungen beratend zur Seite.

Die ILO arbeitet zusammen mit der UNO und der FAO am „Welternährungsprogramm“. Da noch etwa die Hälfte der Menschheit von der Landwirtschaft lebt, hat sich auch die ILO insbesondere der Arbeits- und Lebensbedingungen der Menschen auf dem Lande angenommen. Die ILO trägt ferner zur Gesunderhaltung des Arbeiters durch Empfehlungen für bedarfsgerechte Ernährung und Krankheits- und Unfallschutz bei.

2.4 UNICEF

Die UNICEF wurde 1946 von der Generalkonferenz der UNO gegründet, vornehmlich, um den vom Krieg betroffenen Müttern und Kindern Hilfe zu leisten.
In den Entwicklungsländern kommt auf 10 000, zuweilen auf 100 000 Einwohner nur ein Arzt; mindestens 20% der Kinder sind unterversorgt. Deshalb fördert die UNICEF eine netzartige Verteilung von „Gesundheitszentren", bestehend aus einem Distriktzentrum mit Spital, Hauptzentren mit Arzt und Nebenzentren, die regelmäßig von einem Arzt besucht werden. In Zusammenarbeit mit der WHO werden Massenkrankheiten bekämpft, und es wird für die Gesundheit von Mutter und Kind gesorgt. Derartige Zentren betreuen schätzungsweise 100 Mill. Menschen. Gleichzeitig dienen die Gesundheitszentren der Verbesserung von Ernährung und Ernährungserziehung. Milchpulver und Nährstoffpräparate werden verteilt, Institute zur Förderung der Milchproduktion eingerichtet und die Ausbildung von Fachleuten gefördert.

2.5 UNESCO

Die UNESCO wurde 1946 gegründet. In der ersten Zeit nach ihrer Gründung lag der Schwerpunkt ihrer Tätigkeit in der Kulturarbeit; später war sie auch an Ernährungsprogrammen beteiligt. Die Zahl der erwachsenen Analphabeten wird auf 1 Milliarde geschätzt. Nur etwas mehr als die Hälfte aller Kinder auf der Erde hat die Möglichkeit, eine Schule zu besuchen. Eine wirksame Bildung und eine vorherige Bildungsplanung sind vonnöten.

2.6 Deutsche Welthungerhilfe

Die Deutsche Welthungerhilfe ist das deutsche Komitee der „Aktion für Entwicklung und Partnerschaft" der Ernährungs- und Landwirtschaftsorganisation (FAO) der Vereinten Nationen. Ähnliche Komitees gibt es in 93 anderen Ländern.

Die Deutsche Welthungerhilfe unterstützt die Bemühungen der Vereinten Nationen und der deutschen Bundesregierung, die Welternährungslage zu verbessern und die ländliche Entwicklung der Dritten Welt zu fördern. Die Hilfsprogramme des Komitees kommen vor allem den ärmsten Bevölkerungsgruppen zugute. Sie machen Hilfe zur Selbsthilfe möglich.

Die Projekte sollen den wirklichen Bedürfnissen der Menschen entsprechen, die durch sie Hilfe zur Selbsthilfe erhalten. Wirtschaftlich-technischer Fortschritt muß in allen Fällen entwicklungsfördernde Auswirkungen auf die sozialen und — wo immer möglich — die gesellschaftspolitischen Strukturen haben.

Die finanziellen Mittel für die Hilfsprogramme erhält das Komitee als private Spenden sowie in Form von staatlichen Zuschüssen.

Eine wichtige Aufgabe ist die Erarbeitung und Verbreitung von Informationen, die geeignet sind, Einblick in die sozialen und wirtschaftlichen Zusammenhänge der Entwicklungsprozesse in der Dritten Welt zu ermöglichen und die gesellschaftliche Mitverantwortung bei uns zu verstärken.

3. Nahrungsversorgung der Erdbevölkerung

Für eine Analyse der gegenwärtigen Situation sollen Daten der Vergangenheit nur so weit erwähnt werden, wie sie für die Ermittlung der Ergebnisse von Bedeutung sind. Das Problem der wachsenden Bevölkerung wurde seit dem Altertum immer dann akut, wenn entweder eine Hungerwelle über ein Territorium ging oder ein stärker als erwarteter Bevölkerungszuwachs eintrat.
Die Quellen, die sich vor allem für die Vorzeit der Menschheit mit dem Problem der Erfassung der Bevölkerungszahl beschäftigen, sind sehr unterschiedlich in ihrer Aussage und zumeist wenig zuverlässig. Es wird angenommen, daß in der Altsteinzeit etwa 5 Mill. Menschen auf der Erde gelebt haben. Für die Zeit um Christi Geburt rechnet man mit 200 Mill. Allein diese Zahlen geben bereits zu erkennen, daß sich die Erdbevölkerung immer rascher vermehrt.
Die Entwicklung läßt sich auch wie folgt ausdrücken: für die Vermehrung der ersten Milliarde Menschen wurden etwa 2000 Jahre benötigt, zu Beginn des 20. Jahrhunderts beanspruchte der Zuwachs um 1 Milliarde noch etwa 60 Jahre und heute wird angenommen, daß sich die Menschheit beim gegenwärtigen Wachstum in weniger als 30 Jahren verdoppelt. Wenn man den Zeitraum bis zum Jahre 2000 noch mit 20—25 Jahren bewertet, ist mit einer Verdopplung auf 7 Milliarden Menschen zu rechnen. Namentlich in den beiden letzten Jahrhunderten hat sich das Tempo des Wachstums der Bevölkerung stark, in den letzten 50 Jahren sehr stark beschleunigt.
Zukünftige Bevölkerungszahlen können nur richtungweisend sein. Die gewaltigen lokalen Veränderungen der Bevölkerungsziffern in den letzten Jahrzehnten beweisen, daß primär zwar ökonomische Bedingungen bei derartigen Prognosen eine Rolle spielen, daneben aber auch ideologische und politische, die vorher in ihrer Tragweite meistens nicht zu erkennen sind. Abgesehen davon,

können neben evolutionären Entwicklungen — zumindest lokal bedingt — Naturkatastrophen oder ähnlich wirkende Einflüsse das natürliche Bevölkerungswachstum stärker verzerren.

3.1 Vorliegende Studien

Die Nahrungsversorgung in einzelnen Ländern läßt sich am exaktesten mit einer ernährungsphysiologischen Auswertung des derzeitigen Nahrungsverbrauchs berichten. Der definitive Status des Verbrauchs an Lebensmitteln und die Aufnahme an Nährstoffen der gesamten Erdbevölkerung läßt sich nicht korrekt nachweisen.

Schätzungen über die gegenwärtige und zukünftige Ernährungslage der Erdbevölkerung stammen von SUKHATME (1961), HANAU (1962), BAADE (1960), STAMER (1966) sowie von VON DER DECKEN und LORENZL (1967). Darüber hinaus sind aus allen Regionen der Erde zahlreiche globale sowie regional begrenzte Berechnungen und Schätzungen publiziert worden.

Bei derartigen Untersuchungen ist es nicht ratsam, wenn man die Problemstellung nach ernährungswissenschaftlichen Kriterien zu beurteilen hat, einen Meßwert aus der Produktwertbilanz, z. B. die Getreideeinheit (GE), anzuwenden. Viel aussagekräftiger ist die ernährungsphysiologische Beurteilung in bezug auf verfügbare und verbrauchte Mengen an Nährstoffen und Energie. Es empfiehlt sich insbesondere, den Bedarf der einzelnen Populationen so genau wie möglich zu erfassen.

Für die Beurteilung der Globalsituation sind 2 Komponenten maßgebend:

Zuwachsrate der Bevölkerung

Zuwachsrate der landwirtschaftlichen Produktion (und der Lebensmittelerzeugung).

3.2 Zuwachsrate der Bevölkerung

Die vorliegenden Aussagen über Zuwachsraten der Erdbevölkerung sind unterschiedlich oder gar widersprechend; schon deshalb, weil sie vertikal und horizontal auf Zeit und Raum bezogen werden. Die neutralen demographischen Unterlagen der FAO fußen auf Berechnungen über die Vermehrung der „sich entwickelnden Völker", der „entwickelten Völker" und daraus folgernd der Erdbevölkerung insgesamt.

Die für den Zeitraum von 1950—1970 ermittelten Zuwachsraten lauten für die entwicklungsfähigen Länder jährlich 2,2%, für die entwickelten Länder 0,3%, für die Erdbevölkerung insgesamt 1,9%. Für die gesamte Erdbevölkerung errechnen sich für 1962 bis 1972 über 2%. Da dabei eine gewisse Fehlerbreite einzukalkulieren ist, dürfte es angezeigt sein, mit einer durchschnittlichen jährlichen Zuwachsrate von 2% für die Erdbevölkerung insgesamt zu rechnen. In den letzten Jahren ist die Spanne der diskrepanten Mittelwerte zwischen entwickelten und sich entwickelnden Völkern größer geworden. Einige entwickelte Länder, auch die Bundesrepublik Deutschland, haben eine negative Bevölkerungsvermehrung, viele entwicklungsfähige Länder aber eine Rate, die höher als 3% liegt (Venezuela 3,4%, Mexiko 3,3%, Pakistan 3,3%).

In der Gegenwart profitiert die Zuwachsrate insbesondere vom raschen Rückgang der Sterblichkeit bei etwa gleichbleibender Geburtsrate. Um 1970 lebten ungefähr 70% der Erdbevölkerung in Entwicklungsländern (davon mehr als die Hälfte in Asien) und die übrigen 30% in den entwickelten Ländern. Um 1985 erwartet man, daß sogar 75% der Erdbevölkerung in Entwicklungsländern leben. Demographische Vorausschätzungen sind mit einer hohen Unsicherheit behaftet. Die neuesten Bevölkerungsschätzungen der VN mußten für die Zeit von 1968 bis 1973 erstmals nach unten revidiert werden (OECD 1976).

Die mit der Zuwachsrate zusammenhängende Frage der Altersstruktur läßt in den Entwicklungsländern einen gewissen Rückgang des Anteils der Kinder und Jugendlichen an der Gesamtbevölkerung erwarten. In den entwickelten Ländern ist mit einer fortschreitenden Überalterung zu rechnen. Gleichzeitig sind der davon abhängige Rückgang des Energiebedarfs und die daraus resultierenden Veränderungen im Nahrungsverbrauch zu berücksichtigen.

Nachstehende Aufstellung unterrichtet über die Zahl der zuletzt von der FAO publizierten Zahlen der Erdbevölkerung (FAO 1976). Dabei wird einmal nach Regionen, zum andern zwischen „entwickelten" und „entwicklungsfähigen" Ländern unterschieden.

Entwickelte Staaten	Bevölker. (1000)
Nordamerika	236 726
Westeuropa	364 834
Ozeanien	16 688
andere	139 179
insgesamt	757 427

Entwicklungsfähige Staaten	
Afrika	318 754
Lateinamerika	324 094
Naher Osten	195 011
Ferner Osten	1 124 768
andere	4 582
insgesamt	1 967 209

Zentral gelenkte Staaten	Bevölker. (1000)
Asien	879 899
Europa, UdSSR	363 734
insgesamt	1 243 633

Region	
Afrika	401 483
Nord- und Mittelamerika	342 609
Südamerika	218 326
Asien	2 256 128
Europa	503 530
Ozeanien	21 155
UdSSR	225 038
Welt	3 968 269

Quelle: FAO Statistics Series No. 2, Production Yearbook, Vol. 29, 29—31, Rom 1975

3.3 Zuwachsrate der landwirtschaftlichen Produktion

Für die Zuwachsrate der landwirtschaftlichen Produktion gelten gleiche Vorbehalte. Die in den vergangenen Jahren ermittelten durchschnittlichen Zuwachsraten für die Zeit von 1962 bis 1972 betragen 2,7%. Von der FAO werden für diese Zeit 2,6% als jährlicher Durchschnitt angegeben (FAO 1975). Die Ernteergebnisse nach 1970 berechtigen, mit einer höheren Zuwachsrate als 2,7% zu rechnen (OECD 1976). Gross (1975) nennt für die Sowjetunion und die sozialistischen Länder eine Zuwachsrate von 3,5% (Zeitraum 1962—1972).

Derartige Zahlen sagen wenig aus über das Wachstum der Produktionsraten an Lebensmitteln je Kopf der Erdbevölkerung. Diese sind wesentlich ungünstiger. Das jährliche Pro-Kopf-Wachstum seit 1962 erreicht lediglich 0,2% (UN 1974). Gross (1975) berich-

Index der Lebensmittelproduktion (1961—1965 = 100)
a) insgesamt b) je Kopf der Bevölkerung

	a 1975	b 1975
Welt	135	108
Afrika	131	96
Algerien	94	63
Angola	92	72
Benin	145	107
Botswana	185	143
Burundi	237	195
Kamerun	154	124
Zentralafrikanische Republik	115	89
Tschad	79	62
Kongo	101	77
Ägypten	139	103
EQ Guinea	70	59
Äthiopien	103	79
Gabun	135	119
Gambia	124	100
Ghana	123	92
Guinea	119	91
Elfenbeinküste	161	121
Kenia	140	95
Lesotho	121	97
Liberia	122	95
Libyen	215	144
Madagaskar	128	92
Malawi	151	114
Mali	83	64
Mauretanien	83	65
Mauritius	88	71
Marokko	130	93
Mozambique	118	90
Namibia	167	108
Niger	103	73
Nigeria	113	83
Réunion	111	82
Rhodesien	141	91
Ruanda	153	109
Senegal	128	96
Sierra Leone	132	101
Somalia	136	102
Südafrika	156	110
Sudan	181	127
Swaziland	192	141
Tansania	137	97
Togo	118	84
Tunesien	189	147
Uganda	126	91
Obervolta	109	84
Zaire	123	88
Sambia	139	97
Nord- und Mittelamerika	136	112
Barbados	77	74
Kanada	122	101
Costa Rica	197	138
Kuba	117	92
Dominik. Rep.	150	101
El Salvador	154	104
Guadalupe	81	67
Guatemala	168	119
Haiti	122	102
Honduras	157	107
Jamaika	112	94
Martinique	98	80
Mexiko	145	99
Nicaragua	158	110
Panama	165	117
Puerto Rico	81	70
Trinidad etc.	97	85
USA	137	121
Südamerika	138	100
Argentinien	119	101
Bolivien	160	120
Brasilien	153	109
Chile	118	94
Kolumbien	144	98
Ekuador	144	97
Guyana	119	91
Paraguay	140	102
Peru	141	100
Surinam	188	141
Uruguay	102	90
Venezuela	182	127
Asien	139	108
Afghanistan	126	95
Bangladesh	124	94
Burma	124	94
Kambodscha	55	39
China	137	113
Zypern	145	126
Hongkong	66	54

Index der Lebensmittelproduktion (1961—1965 = 100)
a) insgesamt b) je Kopf der Bevölkerung

	a 1975	b 1975
Indien	134	101
Indonesien	154	113
Iran	165	117
Irak	140	95
Israel	177	124
Japan	131	114
Jordanien	55	37
Korea CPR	142	103
Korea Rep.	145	112
Laos	157	121
Libanon	157	112
Mal. Sabah	289	190
Mal. Sarawak	144	96
Malaysia	213	153
Mongolei	110	77
Nepal	121	94
Pakistan	161	114
Philippinen	159	108
Port Timor	141	111
Saudi-Arabien	154	110
Singapur	278	221
Südvietnam	143	111
Sri Lanka	115	88
Syrien	137	95
Thailand	165	113
Türkei	155	115
Vietnam DR	121	90
Jemen AR	147	105
Jemen Dem.	138	99
Europa	131	121
Albanien	165	120
Österreich	119	113
Belgien	118	112
Bulgarien	148	137
CSSR	138	130
Dänemark	106	98
Finnland	114	110
Frankreich	124	112
DDR	144	143
BR Deutschland	121	113
Griechenland	161	156
Ungarn	152	146
Island	115	98
Irland	133	121
Italien	124	114
Luxemburg	113	107
Malta	176	174
Niederlande	151	132
Norwegen	109	99
Polen	134	122
Portugal	108	113
Rumänien	155	138
Spanien	158	140
Schweden	109	102
Schweiz	117	102
GB	121	116
Jugoslawien	152	135
Ozeanien	139	110
Australien	144	116
Fidschi Inseln	107	81
Fr. Polynesien	71	48
Neue Hebriden	124	91
Neuseeland	127	104
Papua Neu-Guinea	143	108
Salomon Inseln	125	91
Tonga	116	77
UdSSR	129	113
Entwickelte Länder	132	118
Nordamerika	135	119
Westeuropa	127	118
Ozeanien	140	113
andere	139	116
Entwicklungsfähige Länder	138	101
Afrika	124	91
Lateinamerika	138	100
Naher Osten	151	109
Ferner Osten	140	103
andere	130	97
Zentral gelenkte Länder	135	113
Asien (zentral gelenkte Länder)	137	112
Europ. UdSSR	133	119

Quelle: FAO Statistics Series No. 2, Production Yearbook, Vol. 29, Rom 1975

tet für die Sowjetunion und die sozialistischen Länder allerdings eine Wachstumsrate von 2,5%. In der Aufstellung auf S. 31/32 werden Indizes einzelner Länder über die Entwicklung der Lebensmittelerzeugung insgesamt und je Kopf der Bevölkerung genannt. In mehreren Ländern zeigt sich in den Jahren seit Beginn der Normalisierungsperiode des wirtschaftlichen Wachstums eine beachtenswerte Steigerung in der durchschnittlichen Versorgung mit Nahrungsenergie je Kopf der Bevölkerung. In den folgenden Ländern, zumeist auf den Zeitraum von 1950 bis 1970 bezogen, beträgt sie mehr als 15%: Spanien 15,2%, Philippinen 15,4%, Frankreich 16,1%, Griechenland 16,4%, Jugoslawien 16,7%, Surinam 19,3%, Italien 21%, V. R. China 21,2%, Japan 23,7%, Türkei 23,9%, Ägypten 24,6%, Libyen 25,1%, Brasilien 27,2%.
Ein stagnierender Energieverbrauch läßt sich in einigen Wohlstandsländern, aber auch in Jordanien und Paraguay belegen. Eine rückläufige Tendenz ist in Norwegen, Schweden, Argentinien, Iran und Ekuador zu konstatieren.

3.4 Ermittlung der Nahrungsversorgung

Aussagen über die gegenwärtige Versorgungssituation der Erdbevölkerung mit Lebensmitteln sind nur mit erheblichen Vorbehalten möglich. Aufgrund der unterschiedlichen Verfahrensweise zur Ermittlung der verfügbaren Mengen ist zunächst zwischen der Erzeugung von Lebensmitteln pflanzlicher und tierischer Herkunft zu unterscheiden.
Von der Erzeugerbasis ausgehend errechnen sich die für den eigentlichen Verzehr verfügbaren Lebensmittelmengen pflanzlicher Art aus den Bruttoerntemengen. Von den Bruttowerten sind für das einzelne Produkt spezifische Mengen an Saat- oder Pflanzgut, Futtermitteln, Marktverlusten, Schwund, Abfall, Verderb abzuziehen, um zur Nettoerntemenge zu gelangen. Von der Nettoerntemenge errechnet man den Nahrungsverbrauch der Bevölkerung, indem man die Salden aus Importüberschuß minus Exportüberschuß und die nach der Verarbeitung verfügbaren Mengen berücksichtigt. Indem die somit für ein Land ermittelten Mengen

durch die Einwohnerzahl dieses Landes dividiert werden, erhält man den sog. Nahrungsverbrauch je Kopf der Bevölkerung.
Dieser Modus entbehrt nicht mancher Berechnungsungenauigkeit, wie im UTB 664, Abschnitt „Indirekte Methoden", dargestellt wird. Vielfach ist man auf Schätzungen angewiesen, die bei den Erntemengen beginnen und sich fortsetzen bis zu den Quantitäten, die über den Kleinhandel vom Konsumenten zu erwerben sind.
Bei der Feststellung der tatsächlich verfügbaren Lebensmittel tierischer Herkunft ergeben sich ähnliche Schwierigkeiten. Umfang und spezifische Leistungen der Viehbestände entziehen sich darüber hinaus stärker einer konkreten zahlenmäßigen Erfassung. Dabei sind ebenfalls Marktverluste, Schwund, Abfall, Verderb zu berücksichtigen.
Da für beide Lebensmittelgruppen entsprechend ihrer Herkunft die verfügbaren Mengen jeweils nur für einen begrenzten Zeitabschnitt angegeben werden können, werden allgemein Zeiträume von 12 Monaten (1. 7. — 30. 6.), als ein „Wirtschaftsjahr" terminiert, zugrunde gelegt. Dabei ist den Anfangs- und Endbeständen der einzelnen Produkte zu diesen Zeitpunkten Rechnung zu tragen. Für beide Lebensmittelgruppen ist außerdem der Eigenverbrauch in den Selbstversorgungsstätten zu berücksichtigen. In den Entwicklungsregionen betreibt der größte Teil der Bevölkerung Subsistenzwirtschaft.
Die von internationalen Organisationen, wie der FAO, erarbeiteten und verwendeten Zahlen über die verfügbaren Lebensmittelmengen werden folglich mit Hilfe von Ermittlungsmethoden gewonnen, die de facto nur über die mittlere Nahrungsversorgung eines Volkes oder gar der Bevölkerung einer Region berichten. Für die Beantwortung der eigentlichen Fragestellung genügen sie nur unvollkommen. Die Daten sind aber unentbehrlich, weil sie für nahezu alle Länder der Erde erhoben werden und den besten Überblick vermitteln, der möglich ist.
Von diesen Lebensmittelmengen ist bei einer ernährungsphysiologischen Beurteilung auf die in ihnen enthaltenen Nährstoffe zu transmittieren. Auch dabei ist vor Trugschlüssen zu warnen, indem man die errechneten Nährstoffmengen auf das gesamte Potential eines Volkes überträgt und die Bevölkerungszahl gemäß Durch-

schnittszahlen dieser Ergebnisse beurteilt. Das ist sicher falsch. In jeder Bevölkerungsgruppe — unabhängig davon, wie sie sozioökonomisch in Relation zum Durchschnitt steht — gibt es nach ernährungsphysiologischen Wertmaßstäben Über- und Unterversorgte. In den USA ist Fehlernährung in Form von quantitativ unzureichender Ernährung ebenso zu registrieren wie in Indien Fehlernährung als Folge von zu reichlicher Nährstoffzufuhr. Würde man aber die Populationen nach den Mittelwerten und dem daraus resultierenden Versorgungsstatus einordnen, sähe die Situation anders aus. Sie erschiene viel negativer als sie in Wirklichkeit ist. Es fehlt nicht an Veröffentlichungen, in denen die Nahrungsversorgung der gesamten Erdbevölkerung demgemäß interpretiert wird. Unkorrekterweise werden solche Zahlen in der Sekundärliteratur viel weiter gestreut und entsprechend wiedergegeben als methodisch einwandfrei ermittelte.

3.5 Nährstoff- und Energieversorgung

Die in Tabelle 1 wiedergegebene Berechnung bringt sowohl Zahlen für die Versorgung mit Energie, Gesamtprotein, Protein animalischer Herkunft, Reinfett und Kohlenhydraten, als auch Bevölkerungszahlen einzelner geographischer Regionen. Nach den auswertbaren Produktionsergebnissen und den daraus zu kalkulierenden Lebensmittelmengen errechnen sich im Durchschnitt je Kopf der Erdbevölkerung täglich 8830 kJ (2110 kcal), 60 g Protein insgesamt, davon 19 g animalischer Herkunft, 50 g Reinfett und 340 g Kohlenhydrate. Demnach zu urteilen erscheint die Versorgung an energieliefernden Nährstoffen — außer Protein tierischer Herkunft — für die gesamte Erdbevölkerung nicht ungünstig. Auch dabei verschleiern Globalzahlen die wahre Situation in den einzelnen Regionen oder in bestimmten Ländern.

Der größte Mangel in der Ernährung weiter Teile der Erdbevölkerung besteht in ernährungsphysiologischer Beurteilung bei Protein animalischer Herkunft. Es ist neben der ebenfalls zu geringen Versorgung aus Energiewerten der entscheidende Engpaß.

Tabelle 1 *Nährstoff- und Energieversorgung der Erdbevölkerung (je Kopf und Tag)*

Region	Bevölkerung	Protein ges. g	Protein tier. g	Fett g	Kohlenhydrate g	Energie kJ	Energie kcal
Europa[1]	461 930	86	46	117	390	12 720	3 040
Nordamerika	226 910	95	66	147	350	13 345	3 190
Lateinamerika	283 630	63	25	57	390	10 000	2 390
Ferner Osten[2]	1 161 940	55	10	35	400	9 165	2 190
Afrika	305 390	61	30	42	390	9 370	2 240
Naher Osten	170 680	61	30	42	390	9 370	2 240
Ozeanien	19 290	107	68	140	380	13 810	3 300
Sowjetunion	242 770	.	.	.	.	.	.
V. R. China	850 410	62	2	19	330	7 450	1 780
Welt	3 722 950	60	19	50	340	8 830	2 110

[1] ohne Sowjetunion [2] ohne V. R. China

Quelle: Berechnungen im MPI-ERN nach FAO-Unterlagen

Für die Beurteilung des Proteinbedarfs dient oft das Körpergewicht als Kriterium. Von mehreren wissenschaftlichen Gremien (IUNS 1975) wird für Erwachsene eine Aufnahme von etwa 1 g Protein insgesamt je kg Körpergewicht und Tag empfohlen. Auch die „provisional pattern" der FAO (1965) entspricht diesen Anforderungen. Bei einem mittleren Körpergewicht von 70 kg errechnen sich nach den Angaben in Tabelle 2 für Erwachsene je kg Körpergewicht 0,86 g an Gesamtprotein und 0,27 g an Protein animalischer Provenienz. Für mehr als die Hälfte der erwachsenen Personen auf der Erde ist es jedoch richtiger, als mittleres Körpergewicht 55 kg anzusetzen. Für dieses Potential der Bevölkerung errechnen sich bei einer Zufuhr von 60 g/d 1,09 g Protein je kg Körpergewicht und 0,35 g Protein animalischer Herkunft. Die empfehlenswerte Höhe der Proteinzufuhr je kg Körpergewicht von Säuglingen, Kindern und Jugendlichen liegt zwischen 2,5 und 1,2 g/kg Körpergewicht. In Tabelle 2 werden an 2 Beispielen von erwachsenen Personen mit einem Körpergewicht von 70 kg bzw. 55 kg Werte über die Energie- und Proteinaufnahme demonstriert.

Eine Expertengruppe der FAO/WHO hat 1971 den täglichen Proteinbedarf des Erwachsenen auf 0,57 g/kg KG/d herabgesetzt. Aus einem Vergleich von Bedarf und Angebot wird deshalb häufig — ohne genaue Sachkenntnis allerdings — geschlossen, daß es keine Proteinlücke, sondern ein weltweites Proteinüberangebot gibt. Inwieweit das der Fall ist, hängt rechnerisch von der Einschätzung des Bedarfs ab.

Tabelle 2 *Energie- und Proteinaufnahme je kg Körpergewicht*

	Körpergewicht					
	70 kg			55 kg		
	Energie kcal kJ	Protein insges. g	Protein tierisch g	Energie kcal kJ	Protein insges. g	Protein tierisch g
Energie kcal						
bis 2000	bis 29			bis 36		
2001—2250	29—32			36—41		
2251—2500	32—36			41—46		
2501—3000	36—43			46—55		
über 3000	über 43			über 55		
Energie kJ						
bis 8 370	bis 120			bis 150		
8 370 — 9 415	120—135			150—170		
9 420 — 10 460	135—150			170—190		
10 465 — 12 550	150—180			190—230		
über 12 550	über 180			über 230		
Protein (insges.) g						
bis 50		bis 0,7			bis 0,9	
51—60		0,7—0,9			0,9—1,1	
61—70		0,9—1,0			1,1—1,3	
71—90		1,0—1,3			1,3—1,6	
über 90		über 1,3			über 1,6	
Protein (tierisch) g						
bis 10			bis 0,1			bis 0,2
11—20			0,1—0,3			0,2—0,4
21—30			0,3—0,4			0,4—0,5
31—50			0,4—0,7			0,5—0,9
über 50			über 0,7			über 0,9

Quelle: Berechnungen im MPI-ERN

Der von der FAO/WHO-Expertengruppe genannte Bedarfswert entspricht etwa dem Bilanzminimum. Für eine vollwertige Ernährung benötigt der Mensch aber zumindest einen Teil des Eiweißes in Form qualitativ hochwertiger Proteinquellen. In einer inzwischen erschienenen Publikation weisen GARZA et al (1977) an Hand ihrer Untersuchungsbefunde nach, daß 0,57 g Eiprotein/kg Körpergewicht je Tag für die meisten gesunden jungen Männer nicht ausreichend ist. Für eine normale Mischkost eines Erwachsenen rechnet man bereits 0,7 g Protein je kg KG/d. Selbst damit sind noch keine Leistungen auf Dauer zu erzielen. Aufgrund solcher Überlegungen hat der Ausschuß für Nahrungsbedarf der DGE als empfehlenswerte Zufuhr für den Erwachsenen 0,9 g ± 20% angegeben. Dieser Wert wird in den DGE-Empfehlungen (1975) genannt.
Ein Ausgleich der Stickstoffbilanz erfolgt bei Erwachsenen — je nach Mischung des pflanzlichen und tierischen Proteins — zwischen 0,35 und 0,60 g Gesamtprotein je kg Körpergewicht (KOFRANYI und JEKAT 1964).

3.5.1 Nährstoff- und Energiegehalt nach Herkunft im Verbrauch an Lebensmitteln

Weithin überschätzt werden dürfte der Lebensmittelwarenkorb hinsichtlich seiner Differenzierung, soweit er größere Anteile zur durchschnittlichen Versorgung mit Nährstoffen der Erdbevölkerung liefert. Tabelle 3 gibt darüber Auskunft. Beim Gesamtprotein sind Getreideprodukte mit 59% beteiligt. An zweiter Stelle folgt die Milch. Daneben sind Fleisch und Hülsenfrüchte wichtige Proteinlieferanten. Die verfügbaren Proteinmengen animalischer Herkunft entstammen zu 49% der Milch, zu 37% dem Fleisch und je zu 7% Eiern und Fisch. An der Reinfettzufuhr sind Speisefette zu 47%, die Milch mit 19%, Fleisch mit 16% und Getreideprodukte mit 13% beteiligt. Bei der Lieferung von Kohlenhydraten dominieren eindeutig die Getreideprodukte mit 72%, dem Zucker kommt mit 11% die nächst höhere Bedeutung zu. An der Lieferung der Energiewerte sind wiederum Getreideerzeugnisse maßgeblich beteiligt (61%). Die anderen in Tabelle 3 verzeich-

Tabelle 3 *Energiewert und Nährstoffe nach ihrer Herkunft im Weltverbrauch an Lebensmitteln (in %)*

Lebensmittel	Protein insges.	Protein tier.	Fett	Kohlen-hydrate	Energie-wert
Getreideprodukte	59	.	13	72	61
Kartoffeln	4	.	.	7	5
Zucker	.	.	.	11	7
Hülsenfrüchte	7	.	1	3	3
Gemüse	3	.	1	1	2
Früchte	1	.	.	3	2
Fleisch	9	37	16	.	4
Eier	2	7	3	.	1
Fisch	2	7	.	.	.
Milch	13	49	19	3	7
Fette und Öle	.	.	47	.	3

Quelle: Berechnungen im MPI-ERN

neten Lebensmittelgruppen erreichen jeweils weniger als 10% der insgesamt verfügbaren Energiemengen.

Die Versorgungssituation ist innerhalb der einzelnen Regionen sehr ungleichmäßig. 1973 wurden auf der Erde insgesamt über 25 Mill. t Protein tierischer Herkunft erzeugt. Rund 70% davon konsumierten die 1 Milliarde Menschen, die in den entwickelten Gebieten ansässig sind. Für die übrigen 2,5 Milliarden der Erdbevölkerung verblieben weniger als 1/3 der Produktion. Völlig unzureichend ist die Produktion an Protein animalischer Herkunft in den Regionen Naher und Ferner Osten, Afrika — ausgenommen Israel, Japan und Südafrika — sowie in weiten Teilen Lateinamerikas. Abgesehen von den Ländern Lateinamerikas trifft das auch für die übrigen in bezug auf die Produktion an Protein zu, das aus pflanzlichen Erzeugnissen stammt. Im Fernen Osten — als Region — läßt darüber hinaus die Fettversorgung zu wünschen übrig, während die Energieversorgung aus eigener Erzeugung nicht nur dort, sondern auch im Nahen Osten, in Afrika und in den meisten Ländern von Lateinamerika zu gering ist.

3.5.2 Energieversorgung in einzelnen Ländern

In Tabelle 4 werden Länder nach der Höhe der durchschnittlichen Energieversorgung ihrer Einwohner gruppenmäßig geordnet. Nach

Tabelle 4 *Brennwertverbrauch nach Ländern*

Gruppe I: Länder unter 2000 kcal/d
Gruppe II: Länder von 2000—2250 kcal/d
Gruppe III: Länder von 2250—2500 kcal/d
Gruppe IV: Länder von 2500—3000 kcal/d
Gruppe V: Länder über 3000 kcal/d

Land	Brennwertverbrauch je Person u. Tag			Anteil aus (in %)														
	insg. kcal	pfl. %	tier. %	Getreide	Kartoffeln[1]	Zucker[2]	Ligumi-nosen	Gemüse	Früchte[3]	Fleisch[4]	Eier	Fisch	Milch[5]	Fette u. Öle insg.	Fette u. Öle pfl.	Fette u. Öle tier.	Alkohol. Getränke	Sonstige[6]
Gruppe I																		
Mali	1780	93,6	6,4	76,3	2,1	3,5	2,5	0,5	4,2	2,9	0,1	1,0	1,6	4,6	3,8	0,8	0,7	1,0
Tschad	1780	92,4	7,6	66,9	3,4	3,2	5,6	0,4	10,4	2,6	0,1	1,6	2,7	2,6	1,9	0,7	0,5	0,0
Somalia	1820	78,7	21,3	57,3	1,5	8,4	0,6	0,5	6,5	7,1	0,1	0,1	12,8	4,9	3,4	1,5	0,0	0,2
Niger	1830	93,4	6,6	67,1	6,8	1,9	12,4	0,6	3,0	2,6	0,2	0,2	2,6	2,4	1,4	1,0	0,1	0,1
Malediven	1830	88,1	11,9	39,6	5,8	18,5	5,1	2,4	8,1	0,9	0,0	11,1	0,0	7,9	7,9	0,0	0,0	0,6
Bolivien	1850	85,2	14,8	42,9	15,6	12,0	1,0	2,7	7,4	7,1	0,4	0,2	1,9	6,7	1,6	5,1	1,7	0,4
Obervolta	1860	97,5	2,5	75,9	2,2	2,1	10,8	0,3	2,9	1,3	0,1	0,1	0,7	1,9	1,6	0,3	2,6	0,0
Zaire	1890	96,3	3,7	16,3	56,0	1,8	3,8	0,5	9,3	2,0	0,1	1,1	0,3	7,0	6,8	0,2	1,7	0,1
Kambodscha	1890	94,2	5,8	82,9	0,9	3,5	0,7	1,6	2,6	3,5	0,2	1,1	0,3	1,9	1,2	0,7	0,3	0,5
Mauretanien	1890	76,2	23,8	57,3	0,6	10,0	2,5	0,1	3,1	5,4	0,3	1,7	14,8	4,0	2,5	1,5	0,1	0,1
Macao	1910	75,2	24,8	46,3	0,7	6,0	1,0	1,5	5,6	15,2	2,2	3,3	1,7	13,5	11,0	2,5	1,8	1,2
El Salvador	1910	89,5	10,5	56,1	0,9	14,9	4,1	0,9	4,7	2,7	1,0	0,3	3,7	9,2	6,4	2,8	1,2	0,3
Äthiopien	1910	92,8	7,2	70,5	3,0	2,7	7,7	0,3	1,9	3,5	0,4	0,1	2,0	4,4	3,4	3,4	1,0	1,8
Guinea	1940	97,2	2,8	59,4	15,1	1,4	2,5	0,7	9,3	1,2	0,1	0,4	0,9	8,9	8,7	0,2	0,1	0,0
Philippinen	1970	89,4	10,6	64,7	3,9	9,3	0,4	1,1	2,9	5,5	0,7	2,9	1,0	5,2	4,6	0,6	1,8	0,6
Mozambique	1980	96,3	3,7	36,4	36,6	7,4	2,7	0,6	5,7	2,2	0,1	0,3	0,9	6,1	5,8	0,3	0,9	0,1
Indien	1980	94,5	5,5	67,4	2,0	9,3	5,9	1,5	3,1	0,3	0,0	0,3	3,8	5,8	4,6	1,2	0,0	0,6
Jemen AR	1980	92,6	7,4	76,2	0,8	4,6	4,2	0,7	3,8	3,4	0,1	0,2	2,8	2,9	1,9	1,0	0,0	0,3
Botswana	1980	83,0	17,0	59,9	0,9	8,8	6,2	0,6	0,9	7,9	0,1	0,2	6,3	5,5	2,9	2,6	2,9	0,0
Guatemala	1990	90,4	9,6	58,1	0,4	15,2	5,8	1,0	3,1	2,6	0,9	0,1	3,9	6,3	4,2	2,1	2,4	0,2

Tabelle 4 (Fortsetzung)

Land	Brennwertverbrauch je Person u. Tag			Anteil aus (in %)														
	insg. kcal	pfl. %	tier. %	Getreide	Kartoffeln	Zucker	Legumi-nosen	Gemüse	Früchte	Fleisch	Eier	Fisch	Milch	Fette u. Öle insg.	Fette u. Öle pfl.	Fette u. Öle tier.	Alkohol. Getränke	Sonstige
Gruppe II																		
Tanzania	2000	90,5	9,5	34,3	27,2	4,7	5,3	1,6	11,3	2,9	0,1	1,1	3,9	4,6	3,4	1,2	2,6	0,2
Benin	2010	95,5	4,5	43,9	29,2	1,4	3,0	0,6	8,6	2,2	0,1	1,3	0,5	8,6	8,3	0,3	0,6	0,3
Liberia	2010	95,4	4,6	47,5	26,5	2,1	0,0	1,2	5,5	2,0	0,1	1,5	0,7	12,5	12,3	0,2	0,4	0,0
Sri Lanka	2020	95,8	4,2	57,4	8,8	4,7	1,3	0,5	17,4	0,5	0,4	0,9	2,2	3,7	3,5	0,2	0,2	2,0
Bangladesch	2020	96,2	3,8	85,1	1,8	3,9	1,3	0,5	1,3	1,0	0,1	0,9	1,4	2,0	1,6	0,4	0,0	0,7
Angola	2020	91,9	8,1	31,9	34,4	7,4	3,6	0,9	4,8	3,3	0,1	1,2	1,9	8,0	7,4	0,6	2,4	0,1
Afghanistan	2020	94,0	6,0	85,0	0,1	1,6	1,3	1,0	2,7	2,9	0,1	0,0	2,2	2,9	2,1	0,8	0,0	0,2
Haiti	2030	93,8	6,2	48,5	6,6	13,8	7,7	1,4	9,6	3,4	0,3	0,1	1,5	3,6	2,8	0,8	3,2	0,3
Honduras	2040	88,6	11,4	53,0	2,0	15,6	4,7	0,5	6,8	2,6	1,0	0,1	4,4	7,5	4,2	3,3	1,5	0,3
Jemen Dem.	2040	85,0	15,0	58,2	0,0	11,1	0,8	0,9	8,9	2,9	0,2	2,0	3,2	10,0	3,3	6,7	0,6	1,2
Zambia	2050	90,7	9,3	66,5	5,2	8,3	1,1	1,0	3,3	3,4	0,3	1,0	3,8	3,5	2,7	0,8	2,5	0,1
Salomonen	2060	91,6	8,4	16,9	47,1	3,0	3,1	0,6	13,4	3,7	0,3	2,4	1,0	8,1	7,1	1,0	0,4	0,0
Sudan	2070	84,7	15,3	47,5	9,9	7,3	1,6	0,6	6,2	5,5	0,1	0,1	8,0	12,2	10,5	1,7	0,8	0,2
Swaziland	2070	83,7	16,3	54,6	2,4	17,0	0,7	0,6	1,5	9,3	0,2	0,0	5,3	5,0	3,5	1,5	3,4	0,0
Bhutan	2080	98,4	1,6	85,6	2,3	0,2	0,7	0,9	0,5	0,4	0,0	0,1	0,6	5,2	4,7	0,5	2,9	0,6
Nigeria	2090	97,4	2,6	41,2	34,7	1,3	3,6	1,1	4,7	1,4	0,1	0,3	0,4	9,0	8,7	0,3	2,0	0,2
Nepal	2090	93,3	6,7	84,0	2,1	0,7	1,8	0,3	0,5	1,2	0,2	0,0	4,7	4,0	3,4	0,6	0,1	0,4
Laos	2090	92,2	7,8	84,0	1,2	0,7	1,8	1,3	1,5	5,6	1,0	0,5	0,3	1,0	0,5	0,5	0,4	0,7
Ruanda	2090	98,1	1,9	17,7	30,1	0,2	16,2	0,8	30,3	1,0	0,0	0,1	0,7	0,3	0,2	0,1	2,6	0,0
Uganda	2100	93,4	6,6	30,8	14,5	2,9	7,4	0,5	25,0	2,2	0,1	1,4	2,4	2,2	1,8	0,4	10,4	0,2
Dominica	2100	81,6	18,4	28,5	12,9	17,2	3,5	2,2	9,0	7,2	0,5	2,5	5,6	7,5	4,9	2,6	2,5	0,9
São Tomé	2110	94,2	5,8	37,1	14,9	8,4	4,3	0,7	22,5	1,8	0,2	1,2	1,2	4,0	2,6	1,4	3,4	0,3
Kenia	2120	91,4	8,6	56,5	9,6	9,6	8,3	0,6	3,7	3,4	0,1	0,2	4,0	2,2	1,6	0,6	1,6	0,2

Tabelle 4 (Fortsetzung)

Land	Brennwertverbrauch je Person u. Tag insg. kcal	pfl. %	tier. %	Anteil aus (in %) Getreide	Kartoffeln	Zucker	Leguminosen	Gemüse	Früchte	Fleisch	Eier	Fisch	Milch	Fette u. Öle insg.	pfl.	tier.	Alkohol. Getränke	Sonstige
Ekuador	2120	83,8	16,2	32,2	8,0	19,5	2,8	1,2	10,6	4,6	0,5	0,6	7,0	10,3	6,7	3,6	1,9	0,8
Namibia	2120	79,0	21,0	45,5	14,8	5,5	3,2	0,6	1,4	14,1	0,0	0,0	4,7	10,2	8,2	2,1	0,0	0,0
Grenada	2120	80,5	19,5	32,9	5,7	15,2	2,8	1,7	11,3	6,8	0,8	4,0	5,1	10,8	8,1	2,7	1,9	1,0
Indonesien	2130	97,6	2,4	66,4	12,0	5,8	0,8	1,2	6,8	0,9	0,2	1,1	0,1	4,2	4,0	0,2	0,3	0,2
St. Lucia	2130	80,1	19,9	30,8	9,7	8,4	0,6	0,5	13,2	9,7	0,6	2,9	5,3	13,9	12,4	1,5	3,8	0,6
Antigua	2130	72,9	27,1	31,4	1,1	20,9	0,7	0,7	5,7	7,4	0,6	2,8	11,3	15,0	10,0	5,0	1,3	1,1
Algerien	2140	89,5	10,5	62,2	2,0	9,5	1,5	0,9	4,6	1,9	0,2	0,2	5,9	10,3	8,2	2,2	0,6	0,2
Pakistan	2150	90,3	9,7	64,9	0,5	13,7	3,5	1,4	1,3	1,2	0,1	0,1	4,7	8,3	4,7	3,6	0,0	0,3
Kolumbien	2180	83,9	16,1	31,1	7,8	24,7	1,9	0,6	9,5	5,4	0,8	0,4	7,7	7,9	5,9	2,0	1,4	0,8
Kongo	2180	95,6	4,4	12,7	62,8	2,9	0,5	0,6	10,1	1,9	0,0	1,9	0,4	3,5	3,4	0,1	2,1	0,6
Togo	2200	96,2	3,8	41,3	38,5	1,0	5,8	0,6	3,0	1,9	0,1	1,0	0,2	4,5	3,8	0,7	1,7	0,4
Dominik. Rep.	2210	87,8	12,2	28,0	7,5	15,1	6,0	0,9	18,6	3,9	0,6	0,5	5,9	10,5	9,3	1,2	1,8	0,7
Jordanien	2210	91,6	8,4	58,6	1,0	12,0	3,6	1,4	3,3	2,8	1,0	0,3	3,4	12,0	11,2	0,8	0,2	0,4
Burma	2220	94,7	5,3	77,6	0,2	3,6	2,7	1,5	3,2	2,2	0,5	1,2	0,9	5,9	5,4	0,5	0,1	0,4
Samoainseln	2220	83,7	16,3	15,9	16,2	11,0	2,6	1,0	29,7	9,2	0,1	4 3	0 8	7,8	6,0	1,8	0,8	0,6
Sierra Leone	2220	96,0	4,0	56,7	4,0	2,2	3,1	1,3	13,1	0,9	0 1	2 4	0,5	15,3	15,2	0,1	0,2	0,2
Papua Neuguin.	2230	87,9	12,1	12,8	35,5	6,4	2,3	3,1	24,7	5,6	0,1	4,5	0,5	3,9	2,5	1,4	0,5	0,1
Gruppe III																		
Kap Verde	2260	90,9	9,1	55,4	6,6	10,6	7,2	0,4	6,0	1,5	0,0	0,8	0,9	8,5	2,8	5,7	1,7	0,4
Vietnam	2270	91,5	8,5	76,0	4,7	2,6	0,8	1,2	3,1	4,9	0,6	2,2	0,3	2,0	1,5	0,5	1,3	0,3
Komoren	2270	96,2	3,8	34,9	29,1	3,2	1,9	0,2	23,3	1,6	0,2	0,6	1,1	3,8	3,5	0,3	0,1	0,0
Lesotho	2290	93,3	6,7	80,5	0,7	4,9	3,4	0,5	1,0	4,2	0,1	0,0	1,5	1,7	0,9	0,8	1,5	0,0
Zentralafr. EMP	2300	94,2	5,8	23,3	47,1	1,7	1,0	0,5	15,9	3,7	0,0	0,3	0,3	4,9	4,5	0,4	1,3	0,0
Gabun	2300	89,5	10,5	6,9	50,6	2,7	0,1	1,3	18,0	7,1	0,0	1,6	1,2	6,3	5,7	0,6	3,7	0,5

Tabelle 4 (Fortsetzung)

Land	Brennwertverbrauch je Person u. Tag			Anteil aus (in %)														
	insg. kcal	pfl. %	tier. %	Getreide	Kartoffeln	Zucker	Leguminosen	Gemüse	Früchte	Fleisch	Eier	Fisch	Milch	Fette u. Öle insg.	Fette u. Öle pfl.	Fette u. Öle tier.	Alkohol. Getränke	Sonstige
Senegal	2310	92,0	8,0	65,1	3,1	7,0	1,2	0,5	5,2	2,8	0,1	2,9	1,8	9,9	9,5	0,4	0,3	0,1
Burundi	2310	97,3	2,7	27,4	38,6	0,5	15,7	0,8	5,7	1,1	0,0	0,3	1,0	2,2	2,0	0,2	6,6	0,0
Ghana	2320	94,6	5,4	28,2	37,5	3,5	0,4	0,6	15,8	1,8	0,1	2,9	0,4	6,6	6,3	0,3	1,3	0,9
China	2330	90,8	9,2	64,8	11,7	2,7	3,7	1,7	3,7	6,1	0,6	1,2	0,4	3,3	2,5	0,8	0,1	0,0
Gambia	2330	94,1	5,9	63,0	1,9	5,1	2,1	0,3	6,8	3,1	0,0	1,2	1,2	13,5	13,2	0,4	1,6	0,1
Guyana	2350	87,8	12,2	49,9	2,6	18,2	1,6	0,4	4,3	4,6	0,7	2,0	3,8	8,4	7,3	1,1	3,2	0,3
Guin. Bissau	2350	92,3	7,7	50,9	15,8	2,4	2,0	0,9	9,2	4,0	0,0	0,5	2,3	9,7	9,1	0,6	2,3	0,0
Peru	2360	84,9	15,1	39,6	13,0	15,0	2,2	1,5	5,7	4,7	0,4	1,5	4,6	9,5	5,6	3,9	2,0	0,3
Iran	2370	91,4	8,6	63,6	1,2	9,8	1,6	1,5	4,3	3,7	0,3	0,0	2,6	10,7	8,8	1,9	0,3	0,4
Kamerun	2370	94,2	5,8	36,3	22,2	2,3	3,2	1,1	17,8	2,9	0,1	1,1	0,8	6,5	5,7	0,8	5,0	0,7
Thailand	2380	92,7	7,3	71,0	2,4	8,9	0,8	1,2	6,1	4,0	0,6	1,8	0,4	2,1	1,7	0,4	0,3	0,4
Surinam	2380	89,3	10,7	53,1	1,1	12,5	1,1	0,6	3,5	4,6	0,6	2,0	2,9	14,1	13,4	0,7	3,3	0,6
St. Vincent	2380	85,2	14,8	35,0	12,2	15,0	1,2	0,2	12,3	4,8	0,7	1,6	5,3	9,8	7,4	2,4	0,7	1,2
Madagaskar	2390	92,0	8,0	64,0	15,4	4,7	1,8	0,8	4,2	5,3	0,0	0,5	0,4	2,3	1,1	1,2	0,4	0,2
Nicaragua	2390	84,6	15,4	44,3	1,3	17,6	8,1	0,4	5,8	4,9	1,1	0,6	5,4	8,8	5,4	3,4	1,3	0,4
Neue Hebriden	2390	72,1	27,9	28,7	12,0	5,7	0,0	1,5	15,7	15,4	0,4	6,5	2,7	8,6	5,6	3,0	2,1	0,7
Malawi	2400	96,0	4,0	75,1	1,5	3,1	2,4	0,8	9,3	1,5	0,2	0,7	0,5	2,5	1,4	1,1	2,3	0,1
Südvietnam	2410	92,0	8,0	73,1	2,6	5,2	0,9	1,3	3,3	3,6	0,4	3,4	0,3	3,2	2,8	0,4	2,3	0,4
Panama	2420	83,5	16,5	42,6	3,8	14,0	1,3	0,6	8,8	7,6	0,9	0,3	4,3	12,4	9,4	3,0	2,4	1,0
Venezuela	2430	80,6	19,4	36,2	3,7	18,5	1.8	0,5	9,1	9,8	1,0	1,1	6,7	8,0	7,2	0,8	3,1	0,5
Bahamas	2430	60,7	39,3	28,9	1,9	13,3	0,7	1,4	2,8	17,1	0,3	1,4	9,9	13,0	2,3	10,7	7,3	2,0
Irak	2430	89,1	10,9	60,3	0,3	15,1	1,8	2,7	3,0	4,4	0,3	0,2	4,1	7,2	5,4	1,8	0,2	0,4
Tunesien	2440	91,0	9,0	54,9	1,4	10,0	3,0	2,7	4,2	3,3	0,8	1,2	2,1	14,6	13,3	1,3	0,7	1,1
Mauritius	2460	88,9	11,1	52,9	0,9	13,8	2,5	0,7	2,3	1,9	0,3	1,8	4,2	16,3	13,3	3,0	1,6	0,8

Tabelle 4 (Fortsetzung)

Land	Brennwertverbrauch je Person u. Tag			Anteil aus (in %)														
	insg. kcal	pfl. %	tier. %	Getreide	Kartoffeln	Zucker	Leguminosen	Gemüse	Früchte	Fleisch	Eier	Fisch	Milch	Fette u. Öle insg.	pfl.	tier.	Alkohol. Getränke	Sonstige
Guadalupe	2460	80,5	19,5	40,7	10,7	8,5	2,2	2,2	5,8	8,5	0,2	2,7	5,3	7,9	5,1	2,8	4,7	0,6
Belize	2470	73,9	26,1	36,7	8,3	17,6	2,8	0,6	4,5	6,4	0,5	0,5	8,7	10,9	0,9	10,0	2,1	0,4
Mongolei	2480	59,9	40,1	47,6	0,9	8,7	0,3	0,4	0,2	28,0	0,0	0,0	6,4	6,1	0,6	5,5	1,1	0,3
Saudi-Arabien	2480	90,5	9,5	59,5	0,2	8,6	1,7	1,8	13,3	3,2	0,3	0,6	4,1	6,0	4,6	1,4	0,0	0,7
Martinique	2480	78,1	21,9	33,5	7,2	11,9	1,8	2,7	6,6	10,1	0,3	2,7	6,8	8,6	6,7	1,9	7,1	0,7
Nied. Antillen	2480	66,9	33,1	32,0	2,6	13,4	1,0	1,1	3,9	15,1	0,4	1,7	10,1	13,2	7,6	5,6	4,1	1,4
Gruppe IV																		
Brasilien	2520	86,8	13,2	37,0	9,2	17,2	7,3	0,7	6,8	6,7	0,6	0,5	3,9	8,1	6,6	1,5	1,7	0,3
Sarawak	2520	91,4	8,6	66,1	2,7	9,5	0,4	1,0	3,7	1,6	0,6	3,1	2,0	6,5	5,0	1,5	2,4	0,4
Albanien	2520	86,5	13,5	66,1	2,3	5,9	1,8	2,2	3,1	5,6	0,2	0,1	6,1	6,2	4,8	1,4	0,4	0,0
Libanon	2520	87,7	12,3	48,9	1,6	12,4	1,5	2,0	9,5	4,3	0,6	0,4	4,2	10,0	7,2	2,8	4,1	0,5
Trinidad	2530	83,2	16,8	43,0	2,8	18,1	3,6	1,0	4,3	5,4	0,6	0,9	5,9	12,7	8,8	3,9	1,0	0,7
Hongkong	2530	74,5	25,5	42,4	1,1	9,0	1,1	2,2	6,2	16,3	1,8	3,5	2,4	11,8	10,5	1,3	1,7	0,5
Costa Rica	2540	83,8	16,2	37,1	1,1	23,6	4,5	0,6	6,9	4,3	1,2	0,7	7,8	10,5	8,3	2,2	1,3	1,3
Réunion	2540	79,3	20,7	49,0	1,9	9,2	4,5	0,5	2,2	10,6	0,6	2,3	3,9	8,3	5,0	3,3	6,0	1,0
Malaysia	2570	88,7	11,3	56,4	1,1	11,1	1,2	1,0	5,6	3,4	0,5	2,1	2,9	9,8	7,3	2,5	4,3	0,8
Rhodesien	2590	90,8	9,2	73,3	0,2	7,8	1,6	0,4	3,6	5,6	0,2	0,3	2,0	4,5	3,4	1,1	0,5	0,0
Brunei	2590	85,2	14,9	49,0	2,9	16,0	0,9	1,2	4,7	4,9	1,5	3,3	3,5	7,0	5,4	1,6	2,4	2,7
Syrien	2600	89,3	10,7	54,2	1,0	11,0	4,4	3,9	7,6	3,5	0,5	0,2	3,4	10,0	6,9	3,1	0,2	0,1
Marokko	2610	93,5	6,5	66,4	0,6	10,9	3,1	0,7	2,8	2,5	0,4	0,4	1,5	9,6	7,9	1,7	0,4	0,7
Tonga	2620	88,8	11,2	20,9	47,4	4,5	0,0	1,1	9,6	7,1	0,4	1,0	0,8	6,2	4,3	1,9	0,5	0,5
Korea Rep.	2630	93,7	6,3	72,8	3,6	3,1	0,3	3,0	4,1	1,7	0,6	2,7	0,3	1,7	0,7	1,0	6,1	0,0
Ägypten	2640	94,2	5,8	68,2	1,2	8,3	2,9	3,0	3,9	2,2	0,2	0,2	1,4	8,0	6,3	1,7	0,0	0,5
Elfenbeinküste	2650	92,7	7,3	35,5	30,8	5,1	0,5	2,4	13,3	3,2	0,1	2,3	1,2	3,2	2,7	0,5	1,6	0,8

Land	Brennwertverbrauch je Person u. Tag			Anteil aus (in %)															
	insg. kcal	pfl. %	tier. %	Getreide	Kartoffeln	Zucker	Legumi-nosen	Gemüse	Früchte	Fleisch	Eier	Fisch	Milch	Fette u. Öle insg.	Fette u. Öle pfl.	Fette u. Öle tier.	Alkohol. Getränke	Sonstige
Fidschi-Inseln	2650	86,0	14,0	34,7	18,9	14,0	2,6	0,9	8,2	3,6	0,4	3,4	3,3	7,8	4,6	3,2	1,7	0,5
Jamaika	2660	83,2	16,8	36,1	8,5	21,0	1,2	0,8	7,9	6,2	0,8	1,8	4,7	8,6	5,4	3,2	2,1	0,3
Korea DPR	2660	94,7	5,3	69,7	5,2	3,6	4,2	2,4	5,6	2,1	0,6	2,1	0,1	1,4	1,1	0,3	3,0	0,0
Kuba	2710	79,1	20,9	42,7	4,7	18,7	4,1	0,5	2,8	7,4	1,0	1,2	6,1	8,8	3,7	5,1	1,8	0,2
Paraguay	2720	82,4	17,6	32,5	16,4	8,4	5,3	1,0	9,1	13,2	0,8	0,1	2,7	8,6	7,8	0,8	1,6	0,3
Mexiko	2730	87,8	12,2	50,1	0,7	16,8	5,7	0,5	4,0	5,2	0,9	0,5	4,3	7,9	6,6	1,3	2,3	0,5
Fr. Polynesien	2730	78,9	21,1	35,6	10,1	10,6	1,1	1,2	5,6	8,5	0,4	4,2	3,9	12,2	8,0	4,2	6,3	0,3
Libyen	2770	87,4	12,6	42,7	0,8	14,6	2,0	2,8	10,1	4,1	0,1	0,5	6,6	14,5	13,3	1,2	0,0	1,2
Neu-Kaledonien	2780	78,6	21,4	34,2	7,8	11,5	0,5	2,1	9,2	11,5	0,5	0,4	5,4	11,0	7,5	3,5	4,8	1,2
Zypern	2800	75,6	24,4	41,0	3,1	7,7	2,3	1,4	8,1	14,3	1,0	0,4	7,2	10,0	8,7	1,3	2,4	1,0
Singapur	2820	77,9	22,1	46,4	0,8	14,3	1,3	3,2	5,5	8,6	1,4	4,2	4,8	7,7	4,7	3,0	1,2	0,6
Chile	2830	82,4	17,6	49,6	4,8	11,4	1,7	2,1	2,2	7,6	0,8	0,9	5,5	9,0	6,3	2,7	4,2	0,2
Mal. Sabah	2840	88,4	11,6	57,5	3,6	10,1	0,5	0,7	3,2	3,5	0,7	3,0	3,4	10,3	9,4	0,9	2,1	1,4
Japan	2840	81,4	18,6	45,8	2,3	10,6	1,0	2,4	6,9	5,2	2,2	6,5	2,9	9,9	8,1	1,8	3,8	0,5
Türkei	2850	89,4	10,6	56,4	2,9	8,0	3,4	2,7	8,5	3,6	0,4	0,5	3,6	9,4	6,9	2,5	0,3	0,3
Südafrika	2890	83,9	16,1	53,8	1,5	14,5	0,8	0,9	1,8	7,8	0,6	1,2	5,3	6,6	5,2	1,4	4,8	0,4
Island	3000	51,6	48,4	18,6	2,9	17,5	0,5	0,5	2,2	15,7	1,4	3,1	22,7	10,4	5,0	5,4	3,2	1,3
Rumänien	3000	79,1	20,9	51,0	4,5	8,5	1,5	2,1	2,0	10,2	1,1	0,5	6,7	8,4	6,1	2,3	3,2	0,4
Gruppe V																		
Schweden	3060	62,2	37,8	19,7	5,5	14,8	0,2	0,8	3,7	15,5	1,5	2,3	14,4	15,4	11,3	4,1	5,2	1,0
Uruguay	3080	65,2	34,8	35,9	3,9	11,8	0,7	0,9	2,3	21,5	0,5	0,2	9,9	8,5	5,8	2,6	3,5	0,4
Malta	3080	76,5	23,5	37,3	1,7	15,8	2,5	2,8	3,6	9,0	1,7	1,3	7,9	13,2	9,6	3,6	1,9	1,3
Israel	3140	79,1	20,9	35,1	2,6	13,0	1,3	2,0	7,2	8,4	2,6	0,9	8,3	15,7	15,1	0,6	1,9	1,0
Finnland	3200	57,5	42,5	22,9	5,2	14,3	0,3	0,4	2,5	13,3	1,3	1,6	17,0	15,6	6,2	9,4	4,6	1,0
Norwegen	3210	65,3	34,7	23,4	5,7	10,9	0,4	0,8	3,6	11,1	1,2	2,8	16,1	20,1	16,7	3,4	2,7	1,2
Barbados	3250	75,4	24,6	27,3	7,1	18,6	2,5	0,8	2,3	12,6	0,4	2,0	7,2	11,1	8,7	2,4	6,8	1,3
Griechenland	3290	79,0	21,0	36,9	3,4	8,3	2,2	3,0	7,9	9,3	1,2	1,0	8,4	15,4	14,5	0,9	2,8	0,2
Spanien	3300	76,7	23,3	24,7	7,4	10,5	2,2	3,1	7,0	11,8	1,6	2,0	6,6	14,9	13,5	1,4	7,9	0,3

Tabelle 4 (Fortsetzung)

Land	Brennwertverbrauch je Person u. Tag			Anteil aus (in %)														
	insg. kcal	pfl. %	tier. %	Getreide	Kartoffeln	Zucker	Legumi-nosen	Gemüse	Früchte	Fleisch	Eier	Fisch	Milch	Fette u. Öle insg.	pfl.	tier.	Alkohol. Getränke	Sonstige
Australien	3310	62,2	37,8	25,7	2,4	16,9	0,4	1,6	3,7	18,6	1,5	0,9	11,6	10,3	5,4	4,9	6,0	0,4
Niederlande	3350	63,6	36,4	19,8	5,0	15,5	0,4	1,1	3,3	16,2	1,3	0,9	11,3	18,8	12,1	6,7	5,0	1,4
Großbritannien	3350	61,7	38,3	19,5	5,8	17,0	0,8	1,6	2,9	15,4	1,6	0,8	11,3	17,1	7,9	9,2	5,5	0,7
Kanada	3380	55,5	44,5	19,5	4,1	14,5	0,8	1,8	4,4	19,7	1,5	0,8	11,1	16,4	5,1	11,3	4,6	0,8
Argentinien	3410	71,0	29,0	29,6	4,7	12,6	0,7	1,7	4,5	18,5	0,8	0,4	7,4	11,8	10,0	1,8	6,8	0,5
Dänemark	3410	61,0	39,0	18.2	5,0	15,8	0,8	0,9	2,6	15,1	1,3	2,3	11,3	18,9	10,0	8,9	6,5	1,3
Frankreich	3410	63,4	36,6	20,7	5,7	12,5	0,6	1,9	3,2	15,9	1,4	1,2	8,4	19,3	9,5	9,7	8,5	0,7
BR Deutschland	3430	60,8	39,2	19,8	5,5	11,8	0,3	1,1	4,3	18,3	1,9	1,0	8,2	18,2	8,7	9,5	8,8	0,8
Schweiz	3440	64,5	35,5	21,9	2,7	14,0	0,2	1,3	4,7	16,3	1,2	0,7	11,5	15,9	10,4	5,5	6,4	3,2
Österreich	3450	61,9	38,1	22,2	3,7	13,6	0,3	1,3	3,9	16,8	1,5	0,6	9,9	17,7	8,6	9,1	7,4	1,1
Portugal	3450	81,2	18,8	36,2	6,6	9,5	1,7	2,8	4,3	9,0	0,5	2,5	3,8	14,9	12,0	2,9	8,1	0,1
Bulgarien	3460	81,5	18,5	46,2	1,6	10,5	1,7	1,9	5,0	9,3	0,9	0,6	5,9	12,0	9,6	2,4	4,0	1,0
Jugoslawien	3460	79,8	20,2	48,8	3,9	8,5	2,1	1,7	2,7	6,7	0,9	0,4	5,9	13,5	7,1	6,4	4,3	0,6
DDR	3490	64,0	36,0	25,7	8,1	11,1	0,3	1,3	2,6	14,9	1,6	1,2	6,9	18,9	7,6	11,3	6,8	0,6
USA	3500	57,7	42,3	17,0	2,7	15,8	0,9	1,8	5,0	21,4	1,9	0,9	10,6	16,5	9,0	7,5	4,7	0,8
CSSR	3500	66,0	34,0	29,7	6,0	12,5	0,2	1,3	2,4	15,2	1,6	0,5	9,1	13,0	5,6	7,5	7,9	0,6
Polen	3510	67,0	33,0	34,2	6,0	13,4	0,3	1,7	1,1	11,3	1,3	1,4	12,4	10,9	4,5	6,4	5,6	0,4
UdSSR	3540	71,6	28,4	38,7	6,6	12,6	1,4	1,6	2,2	10,1	1,3	2,0	10,2	10,0	5,3	4,7	3,0	0,3
Italien	3540	78,9	21,1	35,6	2,2	9,9	1,0	2,7	5,4	10,4	1,2	0,8	6,1	16,5	13,9	2,6	7,8	0,4
Neuseeland	3550	51,3	48,7	20,7	3,1	13,5	0,6	1,8	3,1	20,4	1,9	0,8	13,9	14,2	2,8	11,4	4,7	1,3
Ungarn	3560	64,8	35,2	34,2	3,7	11,2	0,2	1,9	3,4	11,8	1,6	0,2	5,9	18,4	2,8	15,6	6,1	1,4
Irland	3580	59,4	40,6	24,0	6,4	16,4	1,0	1,0	1,9	17,4	1,3	0,6	12,7	11,9	3,3	8,6	4,4	1,0
Belgien-Lux.	3710	59,3	40,7	20,9	5,8	10,4	0,8	1,6	2,6	18,1	1,3	1,0	7,7	21,9	9,3	12,6	6,7	1,2

Quelle: Eigene Berechnungen nach Monthly Bull agric. Econ. Statist. (FAO) Statistical Tables
Special Feature Food Supply: Calories per Caput per Day — Protein per Caput per Day — Fat per Caput per Day
4 (25), 4—14, 1976 1 (26), 24—35, 1977

[1] Kartoffeln einschließlich anderer Wurzelfrüchte
[2] Zucker einschließlich Sirup und Honig
[3] Früchte einschließlich Hartschalenobst
[4] Fleisch einschließlich Fleischabfälle
[5] Milch einschließlich Milchprodukte außer Butter

den im Durchschnitt verfügbaren Energiemengen je Einwohner wird eine Gruppe von Ländern gebildet, für deren Population im Durchschnitt weniger als 8,37 MJ (2000 kcal)/Tag verfügbar ist. In diesen 20 Ländern ist der Anteil unterversorgter Menschen am größten. Dazu gehören Länder aus Asien, Afrika, Lateinamerika.
Die Struktur der Energiezufuhr ist in den einzelnen Ländern sehr unterschiedlich. In mehreren Ländern ist der Anteil tierischer Herkunft unter 10%; in Obervolta und Guinea errechnen sich sogar weniger als 3%. In Macao und in Mauretanien ergeben sich demgegenüber mehr als 20% tierischen Ursprungs. Wenngleich in diesen beiden Ländern auch eine zu geringe Brennwertzufuhr vorherrscht, kann die Beurteilung in ernährungsphysiologischer Sicht — namentlich für Macao — als zufriedenstellend bezeichnet werden. Dort werden aus Fleisch über 15% aller Brennwerte bezogen. Herausragend sind ferner die Anteile von Milch mit 14,8% für Mauretanien, 12,8% für Somalia und von Fisch mit 11,1% für Malediven.
Die Brennwertzufuhr pflanzlichen Ursprungs entstammt nicht in allen Ländern der Gruppe I in erster Linie aus Getreide, wenngleich das bei solch geringen Energiezufuhren der Regel entspricht. So werden in Malediven 39,6%, in Zaire sogar nur 16,3% erreicht. Demgegenüber beträgt der Anteil in Kambodscha annähernd 83%. In Zaire werden 56% aller Brennwerte aus Wurzelprodukten (Cassava) bezogen; in Mozambique fast 37%. Viele Länder erreichen aus dieser Lebensmittelgruppe aber weniger als 1%.
Der Anteil aus Zucker bildet ebenfalls einen weiten Schwankungsbereich in dieser Gruppe. Über 18% erreicht er auf den Malediven und um 15% in Guatemala und El Salvador; unter 2% aber in Guinea, Zaire und Niger.
In Niger und Obervolta liefern Leguminosen jeweils mehr als 10% der Brennwertzufuhr. Damit ist zugleich ein gewisser Verbrauch an Protein gewährleistet. Unter 1% sind die Aufnahmen in Kambodscha, Somalia und auf den Philippinen. Andere Gemüsearten erreichen nirgends mehr als 3%. Unterschiedlicher sind die Anteile aus Früchten, die im Tschad über 10% liegen, in Botswana aber unter 1%.

Fette und Öle liefern in Macao über 13% aller Brennwerte, davon 11% aus pflanzlichen Produkten. In Obervolta und Kambodscha sind es freilich unter 2%. In Bolivien sind über 5% der Brennwerte aus Fetten tierischen Ursprungs. In allen anderen Ländern ist die Menge an Fetten und Ölen vegetabilischer Herkunft höher als die animalischer.

In den beiden nächsten Gruppen (8,37—9,41 MJ [2000 bis 2250 kcal] und 9,41—10,46 MJ [2250—2500 kcal]/Tag) ist nach der geographischen Provenienz eine vergleichbare Situation zu berichten. Erst in der dann folgenden Gruppe sind auch Länder aus Europa, Ozeanien und Nordamerika.

Die Struktur des Brennwertgehaltes zeigt von Land zu Land in den Gruppen II und III ebenfalls beträchtliche Differenzierungen. Im unteren Bereich, d. h., über 2000 kcal je Person und Tag, beträgt der Brennwertanteil tierischer Herkunft allgemein weniger als 10%. In Dominica werden aber bereits 18%, Namibia 21% und Antigua sowie den Neuen Hebriden 27%, während auf den Bahamas und in der Mongolei sogar 40% tierischer Herkunft berechnet.

Die Brennwertmengen, die aus Getreide geliefert werden, liegen einerseits über 80%, wie in Bangladesch, Afghanistan, Bhutan, Nepal, Laos und Lesotho; andererseits sind sie geringer als 20%, wie in Gabun (6,9%), im Kongo (12,7%), Papua Neuguinea (12,8%), auf den Samoainseln (15,9%), auf den Salomonen (16,9%), in Ruanda (17,7%). Komplementär dazu verhalten sich die Energiemengen, die aus Kartoffeln, Knollengewächsen und Wurzeln stammen. Auf der einen Seite sind es Länder mit weniger als 1%, so in Afghanistan, Jemen, Pakistan, Burma, Lesotho, Mauritius, Mongolei, Saudi-Arabien, Irak. Demgegenüber sind Länder zu konstatieren, die über 40% erreichen: Salomonen 47,1%, Zentralafrikanische Republik 47,1%, Gabun 50,6%, Kongo 62,8%. Bemerkenswert hoch ist der Anteil aus Zucker mit jeweils über 15% der gesamten Brennwertzufuhr in Honduras, Swaziland, Dominica, Ekuador, Grenada, Antigua, Kolumbien, Ghana, Peru, Sant Vincent, Nicaragua, Venezuela, Irak, Belize. Der höchste Verbrauch ist in Kolumbien festzustellen (24,7%).

In Ruanda werden 16% aller Brennwerte aus Leguminosen erreicht. In allen Ländern ist der Gemüseverbrauch in bezug auf die Brennwertzufuhr ohne Bedeutung. Früchte haben in Ruanda mit 30,3%, auf den Samoainseln mit 29,7%, in Uganda mit 25% einen wichtigen Anteil.

Während einerseits Völker anzutreffen sind, die in bezug auf den Fleischverbrauch und dessen Brennwertlieferung unter 1% liegen, erreichen sie in Martinique 10,1%, Neue Hebriden 15,4%, Bahamas 17,1%, Namibia 14,1%, Niederländischen Antillen 15,1%, Irak und Mongolei 28%.

Nur selten erreicht die Brennwertversorgung aus Eiern mehr als 1%. Unterschiedlicher demgegenüber ist die aus Fischen und Fischwaren. Über 5% werden nur auf den Neuen Hebriden erreicht.

Über 10% entstammen aus Milch und Milchprodukten auf den Niederländischen Antillen (10,1%) und in Antigua (11,3%).

Fette und Öle haben in der Mehrheit der Länder keinen größeren Anteil an der Brennwertlieferung. Bei den meisten Ländern beträgt er weniger als 5%. Über 15% erreichen Antigua und Sierra Leone. Mit Ausnahme der Bahamas und Belize ist der Anteil der Fette pflanzlicher Herkunft höher als der tierischer in bezug auf die Brennwertversorgung. Beide Länder erreichen je 10% und mehr aus tierischen Fetten und Ölen. In mehreren anderen Ländern sind es über 10% der Brennwerte aus pflanzlichen Fetten und Ölen.

Ein Unikum ergibt sich für Uganda, wo mehr als 10% der Brennwerte aus alkoholhaltigen Getränken stammen. In keinem andern Land wird dieser Prozentsatz erreicht. Dann folgen die Bahamas mit 7,3% und Martinique (7,1%). Die Mehrheit der Länder liegt demgegenüber unter 1%.

Von den Ländern in Gruppe IV mit 10,46—12,55 MJ (2500 bis 3000 kcal) erreicht Island annähernd die Hälfte aus tierischen Produkten (48,4%). In Korea (DPR) und Ägypten sind es weniger als 6%. Der Anteil der pflanzlichen Brennwerte ist dementsprechend hoch in der überwiegenden Mehrheit dieser Länder.

Mit Ausnahme von Island ist die Menge an Brennwerten, die aus Getreideerzeugnissen stammt, wenig unterschiedlich. In Island werden 18,6% erreicht. In vielen Ländern werden weniger als 10%

der Brennwerte aus Kartoffeln und anderen Knollengewächsen entnommen, in Tonga aber annähernd 50%.
Der Anteil aus Zucker erreicht in Jamaika 21%, in Costa Rica 23,6%, während die geringsten Zahlen hierfür aus Nord- und Südkorea zu berichten sind.
Alle Länder haben einen unter 10% liegenden Anteil aus Leguminosen und ebenfalls alle weniger als 4% aus Gemüse. Das trifft auch mit wenigen Ausnahmen für Obst zu: Libyen 10,1% und Elfenbeinküste 13,3%.
Der Anteil aus Fleisch ist günstiger als in den bisher berichteten Ländern. Am höchsten ist die Zufuhr in Hongkong mit 16,3%, gefolgt von Island mit 15,7%. Unter 2% ist der Anteil in Sarawak und Korea (Rep).
In allen Ländern werden weniger als 3% der Brennwerte aus Eiern bezogen und nur in einem Land liegt der Fischverbrauch über 5% (Japan 6,5%). Eine Ausnahme in bezug auf die Brennwerte aus Milch und Milcherzeugnissen bildet Island (22,7%), demgegenüber haben Tonga und Korea (DPR) weniger als 1%.
Aus Fetten und Ölen stammen in beiden Teilen Koreas weniger als 2%, aber 14,5% in Libyen. Der Anteil der pflanzlichen Fette überwiegt nahezu immer. Ausnahmen sind Kuba und Island; 2mal werden mehr als 10% aus pflanzlichen Fetten entnommen (Hongkong und Libyen).
Die höchsten Brennwerte aus alkoholhaltigen Getränken sind für Französisch-Polynesien (6,3%), Korea (Rep.) (6,1%) und Réunion (6,0%) zu registrieren.
In den Ländern der Gruppe V, deren Bevölkerungen eine durchschnittliche Brennwertzufuhr von mehr als 12,55 MJ (3000 kcal/d) haben, zeigen sich einheitlichere Anteile in bezug auf die aus tierischen Produkten. Irland 40,6%, Belgien-Luxemburg 40,7%, die USA 42,3%, Kanada 44,5%, Finnland 42,5% und Neuseeland erreichen mehr als 40%.
Aus Getreide werden in Jugoslawien nahezu 50% bezogen; in anderen Ländern weniger als 20%. In keinem Land entstammen mehr als 10% aus Kartoffeln, Knollen- und Wurzelprodukten; in Bulgarien und Malta sogar weniger als 2%. Die meisten Länder entnehmen mehr als 10% ihrer Brennwerte aus Zucker und zucker-

reichen Produkten. Kein Land hat mehr als 3% aus Leguminosen und 4% aus Gemüse sowie 8% aus Früchten.

Unter den tierischen Produkten dominiert eindeutig Fleisch. Über 20% liegen die Anteile in Uruguay, in den USA und in Neuseeland. Am geringsten ist der in Jugoslawien mit 6,7%. Alle Länder dieser Gruppe haben weniger als 3% aus Eiern; mit Ausnahme von Israel sogar alle weniger als 2%, und von keinem Land werden mehr als 2,5% aus Fisch ausgewiesen. In Portugal läßt sich der höchste Anteil aus Fisch nachweisen. Aus Milch und Milchprodukten wird jedoch in Portugal die geringste Menge (3,8%) erreicht. Demgegenüber werden in Finnland 17% geliefert.

Abgesehen von Uruguay haben alle Länder mindestens 10% ihrer Brennwerte aus Fetten und Ölen. Einige erreichen einen höheren Anteil aus Fetten und Ölen tierischer Herkunft als aus solchen pflanzlicher Herkunft. Hierzu zählen Finnland, Kanada, Großbritannien, Frankreich, Österreich, Bundesrepublik Deutschland, DDR, CSSR, Polen, Neuseeland, Ungarn, Irland, Belgien-Luxemburg.

Die Brennwerte aus alkoholhaltigen Getränken sind in dieser Gruppe absolut am höchsten. Eine Ausnahme bilden Malta und Israel mit 1,9%. Alle andern erreichen mindestens 3%.

3.5.3 Proteinversorgung in einzelnen Ländern

In bezug auf die Versorgung mit Gesamtprotein und Protein tierischer Herkunft sind ebenfalls bemerkenswerte Unterschiede festzustellen (Tabelle 5).

Bei der Versorgung mit Gesamtprotein sind es in Gruppe I weitgehend die Länder, die auch bei der Energieversorgung in Tab. 4 in die unterste Gruppe eingeordnet worden sind.

In einer Gruppe unter 70 g Gesamtprotein je Kopf und Tag befinden sich nur Länder aus Entwicklungsregionen. Dann folgen überwiegend Länder aus Europa, Ozeanien und Nordamerika. Ägypten und Chile zählen zu den Ländern aus Entwicklungsregionen mit dem höchsten Proteinverbrauch.

Tabelle 5 *Protein- und Energieverbrauch nach Ländern* (geordnet nach steigendem Proteingehalt)

Gruppe I: Länder unter 50 g Protein/d
Gruppe II: Länder von 50—70 g Protein/d
Gruppe III: Länder von 70—85 g Protein/d
Gruppe IV: Länder über 85 g Protein/d

	Verbrauch je Kopf und Tag an Protein			
	gesamt	tier.	Brennwert	
Land	g	g	kcal	MJ
Gruppe I				
Zaire	32,0	7,8	1890	7,91
Liberia	36,0	9,1	2010	8,41
Mozambique	37,2	4,8	1980	8,28
Kongo	38,6	11,4	2180	9,12
Komoren	39,6	7,0	2270	9,50
Salomonen	40,1	11,5	2060	8,62
Angola	42,2	11,5	2020	8,45
Sri Lanka	42,6	7,0	2020	8,45
Guinea	42,7	4,2	1940	8,12
Indonesien	43,8	5,6	2130	8,91
Bangladesch	44,2	6,4	2020	8,45
Kambodscha	44,4	7,4	1890	7,91
Bhutan	44,6	1,4	2080	8,70
Zentralafrik. EMP	44,7	9,1	2300	9,62
Dominik. Rep.	45,4	15,6	2210	9,25
Sao Tomé	46,1	9,1	2110	8,83
Nigeria	46,3	4,4	2090	8,74
Kolumbien	47,0	21,2	2180	9,12
Tansania	47,1	13,6	2000	8,37
Ekuador	47,4	17,9	2120	8,87
Papua Neuguinea	47,8	18,8	2230	9,33
Indien	48,0	5,6	1980	8,28
Tonga	48,4	15,1	2620	10,96
Bolivien	48,5	13,2	1850	7,74
Haiti	48,6	6,9	2030	8,49
Guin. Bissau	49,0	10,1	2350	9,83
Gabun	49,7	26,8	2300	9,62
Gruppe II				
Thailand	50,0	13,3	2380	9,96
Nepal	50,0	7,0	2090	8,74
Philippinen	50,1	18,8	1970	8,24
El Salvador	50,3	14,7	1910	7,99
Jemen Dem.	50,3	14,3	2040	8,54
Sierra Leone	50,9	11,5	2220	9,29
Benin	51,0	9,2	2010	8,41
Ruanda	51,3	2,9	2090	8,74

Tabelle 5 (Fortsetzung)

Land	Verbrauch je Kopf und Tag an Protein gesamt g	tier. g	Brennwert kcal	MJ
Samoainseln	51,3	21,5	2220	9,29
Honduras	51,8	13,9	2040	8,54
Togo	52,1	7,4	2200	9,21
Surinam	52,2	20,1	2380	9,96
Guatemala	52,8	12,6	1990	8,33
Mali	52,8	9,7	1770	7,41
Jordanien	52,9	12,1	2210	9,25
Ghana	53,4	15,8	2320	9,71
Pakistan	53,5	9,8	2150	9,00
Uganda	54,0	12,2	2100	8,79
Kap Verde	54,5	6,5	2260	9,46
Somalia	55,1	22,4	1820	7,62
Swaziland	55,6	21,9	2070	8,66
Iran	55,7	12,0	2370	9,92
Mauritius	55,8	17,9	2460	10,29
Dominica	55,9	26,1	2100	8,79
St. Lucia	56,4	29,5	2130	8,91
Malaysia	56,5	16,6	2570	10,75
Madagaskar	56,5	12,9	2390	10,00
Antigua	56,7	34,4	2130	8,91
Vietnam	56,9	14,5	2270	9,50
Guyana	57,0	22,7	2350	9,83
Algerien	57,2	11,7	2140	8,95
Belize	57,3	24,0	2470	10,33
Fidschi Inseln	57,6	19,9	2650	11,09
Laos	57,9	9,8	2090	8,74
Burma	58,0	9,4	2220	9,29
Grenada	58,2	28,9	2120	8,87
St. Vincent	58,2	24,3	2380	9,96
Jemen AR	58,3	8,7	1980	8,28
Gambia	58,5	12,4	2330	9,75
Panama	58,6	27,7	2420	10,13
Äthiopien	58,7	9,0	1910	7,99
Sambia	58,8	15,0	2050	8,58
Obervolta	59,2	3,3	1860	7,78
Kamerun	59,3	11,5	2370	9,92
Kenia	59,6	11,3	2120	8,87
Macao	59,6	33,1	1910	7,99
Südvietnam	60,1	18,8	2410	10,08
Tschad	60,2	12,5	1780	7,45
Irak	60,4	16,3	2430	10,17
Sudan	60,4	19,8	2070	8,66
Burundi	60,5	4,6	2310	9,67

Tabelle 5 (Fortsetzung)

Land	Verbrauch je Kopf und Tag an Protein gesamt g	tier. g	Brennwert kcal	MJ
Costa Rica	60,8	26,2	2540	10,63
Mal. Sabah	61,1	23,6	2840	11,88
Peru	61,7	21,9	2360	9,87
Mauretanien	61,9	29,7	1890	7,91
Brasilien	62,1	21,2	2520	10,54
Afghanistan	62,1	6,9	2020	8,45
Niger	62,1	8,5	1830	7,66
Saudi-Arabien	63,1	14,5	2480	10,38
Venezuela	63,1	30,7	2430	10,17
China	63,9	12,9	2330	9,75
Elfenbeinküste	64,5	20,5	2650	11,09
Malediven	65,4	33,5	1830	7,66
Trinidad	65,5	27,5	2530	10,59
Neue Hebriden	65,9	39,6	2390	10,00
Syrien	66,7	14,7	2600	10,88
Mexiko	66,9	19,0	2730	11,42
Senegal	67,1	19,0	2310	9,67
Brunei	67,3	33,3	2590	10,84
Tunesien	67,4	15,2	2440	10,21
Botswana	67,5	22,9	1980	8,28
Libanon	67,9	17,8	2520	10,54
Nicaragua	68,0	25,3	2390	10,00
Jamaika	68,1	29,1	2660	11,13
Réunion	68,2	31,3	2540	10,63
Malawi	68,4	6,4	2400	10,04
Neu-Kaledonien	68,8	33,4	2780	11,63
Bahamas	69,5	46,5	2430	10,17
Kuba	69,9	31,4	2710	11,34
Namibia	69,9	32,7	2120	8,87
Gruppe III				
Libyen	70,1	20,9	2770	11,59
Lesotho	70,4	11,0	2290	9,58
Marokko	70,5	10,3	2610	10,92
Ägypten	70,7	10,2	2640	11,05
Guadalupe	71,0	32,4	2460	10,29
Martinique	71,4	37,8	2480	10,38
Fr. Polynesien	71,5	34,6	2730	11,42
Albanien	73,0	19,3	2520	10,54
Nied. Antillen	74,0	47,5	2480	10,38
Paraguay	74,5	29,3	2720	11,38
Singapur	74,7	38,2	2820	11,80
Rhodesien	74,7	17,0	2590	10,84

Tabelle 5 (Fortsetzung)

Land	Verbrauch je Kopf und Tag an Protein gesamt g	tier. g	Brennwert kcal	MJ
Korea Rep.	75,7	15,8	2630	11,00
Türkei	75,7	19,0	2850	11,92
Hongkong	77,3	44,2	2530	10,59
Südafrika	78,1	30,2	2890	12,09
Chile	78,3	29,4	2830	11,84
Korea DPR	79,0	13,6	2660	11,13
Barbados	82,5	47,0	3250	13,60
Gruppe IV				
Japan	85,9	41,1	2840	11,88
Österreich	85,9	51,8	3450	14,44
Zypern	86,1	38,1	2800	11,72
Malta	86,3	38,8	3080	12,89
Schweden	87,2	57,7	3060	12,80
Niederlande	87,6	55,0	3350	14,02
BR Deutschland	87,9	55,9	3430	14,35
Schweiz	87,9	56,0	3440	14,39
Ungarn	91,1	43,8	3560	14,90
Großbritannien	91,7	56,6	3350	14,02
Dänemark	92,3	60,4	3410	14,27
Mongolei	93,5	61,5	2480	10,38
Portugal	94,0	40,7	3450	14,44
Spanien	94,1	47,1	3300	13,82
Finnland	95,0	62,7	3200	13,39
DDR	96,2	55,5	3490	14,60
Italien	97,1	43,1	3540	14,81
Norwegen	97,3	65,0	3210	13,43
CSSR	97,5	56,1	3500	14,64
Jugoslawien	97,5	30,9	3460	14,48
Frankreich	98,0	62,1	3410	14,27
Uruguay	98,1	61,2	3080	12,89
Rumänien	98,1	36,9	3300	13,81
Australien	98,6	64,3	3310	13,85
Kanada	99,4	65,3	3380	14,14
Belgien-Luxemburg	101,2	60,9	3710	15,52
Israel	101,5	52,8	3140	13,14
Bulgarien	101,9	37,5	3460	14,48
Griechenland	102,0	45,5	3290	13,77
USA	104,3	71,7	3500	14,64
Polen	105,7	58,7	3510	14,69
Irland	106,3	65,7	3460	14,48
Argentinien	107,1	66,9	3410	14,27

Tabelle 5 (Fortsetzung)

Land	Verbrauch je Kopf und Tag an: Protein gesamt g	tier. g	Brennwert kcal	MJ
UdSSR	108,2	54,4	3540	14,81
Neuseeland	109,4	76,8	3550	14,85
Island	113,9	91,5	3090	12,93

Quelle: Eigene Berechnungen nach
Monthly Bull. agric. Econ. Statist. (FAO)
Statistical Tables
Special Feature: Food Supply: Calories per Caput per Day — Proteins per Caput per Day — Fat per Caput per Day
4 (25), 7—10, 1976
7/8 (25), 41—44, 1976
1 (26), 28—31, 1977
2 (26), 5—8, 1977

Zwischen Gesamtprotein und Protein animalischer Herkunft besteht nur eine bedingte Parallelität. In Gruppe I sind einerseits Länder, wie Indien, mit 48/5,6 g (gesamt/animalisches) Protein, mit einem Anteil von etwa 12% animalischem Protein am Gesamtprotein, andererseits solche mit 47/22 g (Kolumbien) (45%) animalischer Herkunft. Eine geringe Gesamtproteinverbrauchsmenge ist folglich noch kein Maßstab für die Höhe der Zufuhr an essentiellen Aminosäuren.

In Gruppe II sind auch derart voneinander abweichende Versorgungssituationen zu registrieren. Einerseits beträgt der Proteingehalt der Nahrung in Ruanda 51/3 g nur geringfügig mehr als 5% animalischer Herkunft. Andererseits nimmt er in Antigua mit 57/34 g sogar 61% ein, einen Anteil tierischen Ursprungs, den viele sogenannte Wohlstandsstaaten erst vor wenigen Jahren erreicht haben, mehrere aber noch anstreben.

Diese unterschiedliche Entwicklung setzt sich auch in den folgenden beiden Gruppen fort. Beispiele dafür sind Marokko 71/10 g (15%) und Hongkong 77/44 g (57%) Protein animalischer Herkunft am gesamten Protein.

Auch in der letzten in Tabelle 5 gebildeten Gruppe IV zeigen sich zwischen Jugoslawien 98/32 g (32%) und den USA 104/72 g

Tabelle 6 *Proteinverbrauch nach Ländern*
Gruppe I: Länder unter 50 g Protein/d
Gruppe II: Länder von 50—70 g Protein/d
Gruppe III: Länder von 70—85 g Protein/d
Gruppe IV: Länder über 85 g Protein/d

Land	Proteinverbrauch je Person u. Tag			Anteil aus (in %)										
	insg. g	pfl. %	tier. %	Getreide	Kartoffeln	Zucker	Legumi-nosen	Gemüse	Früchte	Fleisch	Eier	Fisch	Milch	Sonstige
Gruppe I														
Zaire	32,0	75,6	24,4	24,2	20,2	0,0	14,7	1,9	12,7	12,1	0,6	10,5	1,2	1,9
Liberia	36,0	74,7	25,3	52,2	13,3	0,0	0,0	3,6	5,0	9,5	0,8	12,8	2,2	0,6
Mozambique	37,2	87,1	12,9	50,5	16,4	0,0	9,1	1,9	8,9	7,8	0,5	2,2	2,4	0,3
Kongo	38,6	70,5	29,5	19,7	27,7	0,0	1,8	1,8	17,6	11,1	0,3	17,1	1,0	1,9
Komoren	39,6	82,3	17,7	41,2	14,9	0,0	7,1	0,5	18,4	8,3	1,0	5,6	2,8	0,2
Salomoneninseln	40,1	71,3	28,7	18,7	32,4	0,0	10,2	2,0	7,0	11,5	1,0	12,2	4,0	1,0
Angola	42,2	72,7	27,3	39,1	13,7	0,0	11,1	2,6	4,7	11,8	0,2	10,0	5,3	1,5
Sri Lanka	42,6	83,6	16,4	60,7	2,1	0,0	4,2	1,2	9,9	3,0	1,3	7,1	5,0	5,5
Guinea	42,7	90,2	9,8	65,7	6,8	0,0	7,5	1,9	8,0	5,1	0,5	2,3	1,9	0,0
Indonesien	43,8	87,2	12,8	63,9	4,1	0,0	2,5	3,2	12,8	2,7	0,7	8,9	0,5	0,9
Bangladesch	44,2	85,5	14,5	76,6	1,4	0,5	3,6	1,1	0,7	3,4	0,2	7,5	3,4	1,6
Kambodscha	44,4	83,3	16,7	72,9	0,5	0,2	1,8	4,3	2,5	7,4	0,5	7,9	0,9	1,1
Bhutan	44,6	96,9	3,1	87,2	2,5	0,0	1,8	2,7	0,2	0,9	0,0	0,4	1,8	2,5
Zentralafr. EMP	44,7	79,6	20,4	32,0	16,6	0,0	3,4	1,6	25,5	17,3	0,2	2,0	0,9	0,5
Dominik. Rep.	45,4	65,6	34,4	32,5	3,7	0,0	16,9	1,8	9,3	13,5	2,2	2,9	15,8	1,4
Sao Tomé	46,1	79,3	19,7	43,8	10,2	0,0	12,6	2,0	10,6	5,0	0,9	9,5	4,3	0,1
Nigeria	46,3	90,5	9,5	51,7	19,2	0,0	10,6	2,4	5,6	6,0	0,6	1,8	1,1	1,0
Kolumbien	47,0	54,9	45,1	33,4	5,3	1,5	6,0	1,5	4,3	17,6	2,8	2,8	21,9	2,9
Tanzania	47,1	71,1	28,9	35,4	7,3	0,0	14,1	4,0	8,3	10,8	0,4	8,9	8,8	2,0
Ekuador	47,4	62,2	37,8	36,1	6,8	0,2	8,5	2,5	6,1	15,6	1,5	3,8	16,9	2,0
Papua Neuguin.	47,8	60,6	39,4	12,8	19,0	0,4	7,1	6,5	14,4	17,4	0,4	19,9	1,7	0,4

Tabelle 6 (Fortsetzung)

Land	Proteinverbrauch je Person u. Tag			Anteil aus (in %)										
	insg. g	pfl. %	tier. %	Getreide	Kartoffeln	Zucker	Leguminosen	Gemüse	Früchte	Fleisch	Eier	Fisch	Milch	Sonstige
Indien	48,0	88,3	11,7	65,4	0,8	0,8	14,6	3,8	1,9	1,4	0,0	2,1	8,2	1,0
Tonga	48,4	68,7	31,3	32,2	25,0	0,0	0,0	3,7	6,4	20,9	1,7	6,8	1,9	1,4
Bolivien	48,5	72,8	27,2	44,2	15,8	0,0	2,5	4,5	4,5	20,9	1,0	0,9	4,4	1,3
Haiti	48,6	85,8	14,2	52,6	2,7	0,6	21,5	3,5	4,1	9,3	1,0	0,8	3,1	0,8
Guin. Bissau	49,0	79,4	20,6	52,4	7,6	0,0	6,1	2,7	9,2	11,6	0,2	3,3	5,5	1,4
Gabun	49,7	46,0	54,0	7,0	22,5	0,2	0,4	3,8	10,3	42,3	0,2	8,7	2,8	1,8
Gruppe II														
Thailand	50,0	73,4	26,6	60,0	0,6	0,2	2,6	3,4	5,8	8,8	2,2	13,8	1,8	0,8
Nepal	50,0	86,0	14,0	77,6	2,0	0,0	4,4	1,0	0,2	4,2	0,6	0,2	9,0	0,8
Philippinen	50,1	62,5	37,5	56,0	1,2	0,0	0,8	1,8	1,4	13,6	2,2	18,7	3,0	1,3
El Salvador	50,3	70,8	29,2	54,9	0,6	0,0	10,1	1,8	2,2	10,5	3,0	1,8	13,9	1,2
Jemen Dem.	50,3	71,6	28,4	59,4	0,0	0,0	2,2	2,4	4,2	7,7	0,6	12,5	7,6	3,4
Sierra Leone	50,9	77,4	22,6	51,5	1,6	0,0	10,2	3,5	10,6	3,7	0,4	17,3	1,2	0,0
Benin	51,0	82,0	18,0	46,5	12,7	0,0	7,5	1,4	13,3	7,8	0,4	8,8	1,0	0,6
Ruanda	51,3	94,3	5,7	19,5	13,3	0,0	42,9	1,8	16,4	4,1	0,0	0,2	1,4	0,4
Samoainseln	51,3	58,1	41,9	17,9	14,8	0,0	7,2	2,9	13,8	24,5	0,6	15,4	1,4	1,5
Honduras	51,8	73,2	26,8	54,1	0,8	0,2	12,2	1,2	3,3	10,4	2,9	0,6	12,9	1,4
Togo	52,1	85,8	14,2	47,8	15,2	0,0	15,4	1,7	4,4	6,3	0,2	7,3	0,4	1,7
Surinam	52,2	61,5	38,5	51,5	0,8	0,2	3,3	1,1	3,1	16,8	1,9	12,1	7,7	1,5
Guatemala	52,8	76,1	23,9	56,9	0,2	0,0	14,3	1,9	1,5	10,0	2,7	0,6	10,6	1,3
Mali	52,8	81,6	18,4	68,2	0,8	0,0	5,3	1,1	5,7	9,1	0,2	6,3	2,8	0,5
Jordanien	52,9	77,1	22,9	59,7	0,9	0,0	9,3	3,2	2,5	8,7	3,4	1,5	9,3	1,5
Ghana	53,4	70,4	29,6	32,3	19,3	0,2	0,9	1,3	14,7	8,3	0,4	19,6	1,3	1,7
Pakistan	53,5	81,6	18,4	69,0	0,4	1,1	8,2	0,9	0,9	3,9	0,2	0,7	13,6	1,1

Tabelle 6 (Fortsetzung)

Land	Proteinverbrauch je Person u. Tag			Anteil aus (in %)										
	insg. g	pfl. %	tier. %	Getreide	Kartoffeln	Zucker	Legumi-nosen	Gemüse	Früchte	Fleisch	Eier	Fisch	Milch	Sonstige
Uganda	54,0	77,5	22,5	27,4	5,7	0,0	18,3	1,1	19,1	8,1	0,4	9,6	4,4	5,9
Kap Verde	54,5	88,0	12,0	59,4	4,4	0,0	19,3	0,9	2,9	3,5	0,2	5,5	2,8	1,1
Sarawak	54,7	65,6	34,4	55,9	0,5	0,0	1,1	2,6	4,4	5,1	2,1	23,1	4,1	1,1
Somalia	55,1	59,3	40,7	50,6	0,4	0,0	1,1	1,1	5,4	20,9	0,3	0,3	19,2	0,7
Swaziland	55,6	60,6	39,4	53,8	1,4	0,0	1,6	1,3	0,9	29,0	0,7	0,0	9,7	1,6
Iran	55,7	78,5	21,5	65,4	1,3	0,0	4,1	3,6	2,7	11,4	1,1	0,4	8,6	1,4
Mauritius	55,8	67,9	32,1	53,9	0,9	0,0	7,0	1,6	2,7	6,5	1,1	10,8	13,7	1,8
Dominica	55,9	53,3	46,7	29,2	8,1	0,0	8,4	2,9	3,9	18,8	1,3	14,3	12,3	0,8
St. Lucia	56,4	47,7	52,3	31,6	6,4	0,0	1,4	0,5	5,9	23,2	1,8	17,0	10,3	1,9
Malaysia	56,5	70,6	29,4	56,6	0,4	0,0	3,4	2,5	5,1	8,5	1,8	14,7	4,4	2,6
Madagaskar	56,5	77,2	22,8	59,6	5,8	0,2	4,8	1,9	3,9	17,6	0,2	3,9	1,1	1,0
Antigua	56,7	39,3	60,7	31,7	1,1	0,0	1,6	1,2	2,5	21,3	1,6	15,9	21,9	1,2
Vietnam	56,9	74,5	25,5	64,3	1,6	0,0	1,9	3,0	3,0	8,2	1,8	14,8	0,7	0,7
Guyana	57,0	60,2	39,8	48,1	1,6	0,0	4,4	0,9	4,4	15,5	2,1	14,0	8,2	0,8
Algerien	57,2	79,5	20,5	70,0	1,5	0,0	3,5	1,4	2,1	5,6	0,5	1,3	13,1	1,0
Belize	57,3	58,1	41,9	39,6	5,2	0,0	7,0	1,2	2,4	18,0	1,6	2,4	19,9	1,8
Fidschi-Inseln	57,6	65,5	34,5	38,4	10,6	0,0	7,8	1,9	4,5	10,9	1,4	13,2	9,0	2,3
Laos	57,9	83,1	16,9	71,3	0,5	0,0	4,1	4,5	1,7	10,9	2,6	2,9	0,5	1,0
Burma	58,0	83,8	16,2	70,7	0,2	0,2	6,0	3,4	2,8	4,2	1,4	7,8	2,8	0,5
Grenada	58,2	50,3	49,7	32,0	3,8	0,2	6,2	2,4	5,0	17,2	2,4	20,6	9,5	0,7
St. Vincent	58,2	58,2	41,8	38,5	8,4	0,0	3,3	0,3	6,4	13,6	2,1	9,8	16,3	1,3
Jemen AR	58,3	85,1	14,9	71,9	0,7	0,0	9,3	1,4	1,2	7,8	0,2	0,9	6,0	0,6
Gambia	58,5	78,8	21,2	59,7	0,7	0,0	5,5	0,9	11,1	11,2	0,2	7,4	2,4	0,9
Panama	58,6	52,7	47,3	39,8	2,2	0,3	3,4	1,2	4,4	27,8	2,7	4,9	11,9	1,4

Tabelle 6 (Fortsetzung)

Land	Proteinverbrauch je Person u. Tag insg. g	pfl. %	tier. %	Anteil aus (in %) Getreide	Kartoffeln	Zucker	Leguminosen	Gemüse	Früchte	Fleisch	Eier	Fisch	Milch	Sonstige
Äthiopien	58,7	84,7	15,3	60,5	1,0	0,0	16,9	0,7	1,9	10,6	1,0	0,3	3,4	3,7
Sambia	58,8	74,5	25,5	62,8	1,5	0,0	2,6	1,9	4,3	11,3	0,9	6,5	6,8	1,4
Obervolta	59,2	94,4	5,6	68,4	0,8	0,0	20,1	0,5	3,4	3,7	0,2	0,7	1,0	1,2
Kamerun	59,3	80,6	19,4	37,3	11,3	0,0	8,4	2,7	16,9	9,4	0,3	7,8	1,9	3,8
Kenia	59,6	81,0	19,0	53,3	4,0	0,2	19,1	1,3	1,9	10,0	0,5	1,5	7,0	1,3
Macao	59,6	44,5	55,5	30,9	0,5	0,0	2,0	2,9	7,2	33,9	5,4	13,9	2,3	1,0
Südvietnam	60,1	68,7	31,3	57,9	0,8	0,0	2,3	3.3	3,3	7,3	1,2	21,8	1,0	1,1
Tschad	60,2	79,2	20,8	55,1	1,0	0,0	10,3	0,7	11,6	8,3	0,2	8,6	3,7	0,5
Irak	60,4	73,0	27,0	58,6	0,2	0,0	4,8	6,3	2,2	11,8	1,0	1,5	12,7	0,9
Sudan	60,4	67,2	32,8	51,8	3,3	0,0	3,8	1,0	6,1	15,6	0,3	0,8	16,1	1,2
Burundi	60,5	92,4	7,6	29,6	16,5	0,0	38,8	2,0	4,3	3,5	0,2	2,1	1,8	1,2
Costa Rica	60,8	56,9	43,1	37,2	0,8	0,2	12,2	1,3	3,5	15,8	3,9	2,5	20,9	1,7
Mal. Sabah	61,1	61,4	38,6	50,9	1,3	0,0	1,3	2,0	3,1	10,3	2,8	20,3	5,2	2,8
Peru	61,7	64,5	35,5	42,5	10,2	0,0	5,5	2,4	2,6	15,9	1,1	7,3	11,2	1,1
Mauretanien	61,9	52,0	48,0	44,1	0,3	0,0	5,2	0,2	2,1	15,6	0,6	9,0	22,8	0,1
Brasilien	62,1	65,9	34,1	34,5	3,5	0,0	19,3	1,3	5,5	20,4	1,8	3,2	8,7	1,8
Afghanistan	62,1	88,9	11,1	82,0	0,0	0,0	2,6	2,1	1,9	6,6	0,3	0,0	4,2	0,3
Niger	62,1	86,3	13,7	56,8	1,8	0,2	23,5	0,6	3,2	7,3	0,3	1,1	5,0	0,2
Saudi-Arabien	63,1	77,0	23,0	59,4	0,3	0,0	4,3	3,8	7,3	9,4	0,8	3,0	9,8	1,9
Venezuela	63,1	51,3	48,7	36,8	2,2	0,0	4,6	0,6	5,2	26,5	2,9	4,9	14,4	1,9
China	63,9	79,8	20,2	50,5	5,3	0,0	9,1	3,8	11,0	9,7	1,9	7,7	0,9	0,1
Elfenbeinküste	64,5	68,2	31,8	34,4	17,5	0,0	1,4	3,9	9,0	13,0	0,3	16,5	2,0	2,0
Malediven	65,4	48,8	51,2	26,1	2,9	0,0	8,4	4,1	6,6	3,5	0,0	47,7	0,0	0,7
Trinidad	65,5	58,0	42,0	40,8	2,3	0,0	8,9	1,7	3,1	17,6	1,8	4,7	17,9	1,2

Tabelle 6 (Fortsetzung)

Land	Proteinverbrauch je Person u. Tag			Anteil aus (in %)										
	insg. g	pfl. %	tier. %	Getreide	Kartoffeln	Zucker	Leguminosen	Gemüse	Früchte	Fleisch	Eier	Fisch	Milch	Sonstige
Neue Hebriden	65,9	39,9	60,1	21,7	7,7	0,0	0,0	3,3	6,1	34,0	1,1	20,4	4,6	1,1
Syrien	66,7	78,0	22,0	51,9	0,9	0,0	10,0	8,2	6,4	9,1	1,5	0,7	10,7	0,6
Mexiko	66,9	71,6	28,4	53,7	0,1	0,1	12,7	0,7	3,0	12,9	2,7	2,4	10,4	1,3
Senegal	67,1	71,7	28,3	60,2	1,0	0,0	2,7	0,6	7,0	7,5	0,4	17,4	3,0	0,2
Brunei	67,3	50,5	49,5	37,6	1,0	0,0	2,2	2,2	4,3	17,2	4,8	18,1	9,4	3,2
Tunesien	67,4	77,4	22,6	59,9	1,0	0,0	7,1	5,2	2,7	9,8	1,0	3,3	8,5	1,5
Botswana	67,5	66,1	33,9	50,8	0,4	0,0	11,7	1,0	0,4	23,2	0,1	0,7	9,9	1,8
Libanon	67,9	73,8	26,2	54,1	1,5	0,0	3,5	4,0	7,8	12,3	1,8	1,3	10,8	2,9
Nicaragua	68,0	62,8	37,2	39,6	0,4	0,0	18,7	0,6	2,4	14,3	2,8	2,5	17,6	0,9
Jamaika	68,1	57,3	42,7	41,1	6,3	0,0	2,9	1,2	5,1	18,3	2,5	8,5	13,4	0,7
Réunion	68,2	54,1	45,9	38,7	0,9	0,0	10,9	1,2	1,0	24,7	2,1	10,0	9,1	1,4
Malawi	68,4	90,6	9,4	69,9	0,7	0,0	5,1	1,6	11,8	3,1	0,6	4,7	1,0	1,5
Neu-Kaledonien	68,8	51,5	48,5	33,6	5,7	0,0	1,3	5,1	3,9	33,3	1,7	2,9	10,6	1,9
Bahamas	69,5	33,1	66,9	24,7	1,4	0,0	1,4	2,6	1,3	38,4	0,6	6,0	21,9	1,7
Kuba	69,9	55,1	44,9	39,5	1,7	0,0	10,4	0,7	1,7	20,8	2,9	7,8	13,4	1,1
Namibia	69,9	53,2	46,8	37,5	7,9	0,0	6,2	1,1	0,4	39,8	0,0	0,0	7,0	0,1
Gruppe III														
Libyen	70,1	70,2	29,8	47,9	0,6	0,0	5,3	5,3	7,7	14,8	0,6	2,0	12,4	3,4
Lesotho	70,4	84,4	15,6	74,4	0,4	0,0	7,2	1,1	0,3	12,1	0,4	0,0	3,1	1,0
Marokko	70,5	85,4	14,6	73,3	0,4	0,0	7,5	1,1	1,4	7,9	1,1	2,1	3,5	1,7
Ägypten	70,7	85,6	14,4	68,0	0,8	0,4	8,1	5,0	2,4	6,6	0,6	1,4	5,8	0,9
Guadalupe	71,0	54,4	45,6	36,5	5,2	0,0	5,1	4,2	2,7	20,4	0,6	13,9	10,7	0,7
Martinique	71,4	47,1	52,9	31,8	3,6	0,0	3,9	3,6	3,2	23,8	0,7	14,8	13,6	1,0
Fr.-Polynesien	71,5	51,6	48,4	36,1	5,6	0,1	2,8	2,4	2,5	23,1	1,3	17,1	6,9	2,1

Tabelle 6 (Fortsetzung)

Land	Proteinverbrauch je Person und Tag			Anteil aus (in %)										
	insg. g	pfl. %	tier. %	Getreide	Kartoffeln	Zucker	Leguminosen	Gemüse	Früchte	Fleisch	Eier	Fisch	Milch	Sonstige
Albanien	73,0	73,5	26,5	60,8	2,1	0,0	4,0	4,8	1,5	12,9	0,7	0,7	12,2	0,3
Nied.-Antillen	74,0	35,8	64,2	26,6	2,2	0,0	2,2	1,8	1,5	30,6	1,1	7,0	25,5	1,5
Paraguay	74,5	60,7	39,3	30,5	4,8	0,1	12,9	1,3	8,5	31,5	2,3	0,4	5,1	2,6
Singapur	74,7	48,9	51,1	34,8	0,4	0,0	3,2	4,6	5,5	19,1	4,0	17,4	10,6	0,4
Rhodesien	74,7	77,3	22,7	67,5	0,1	0,0	3,6	0,8	4,7	17,1	0,4	1,3	3,9	0,6
Korea Rep.	75,7	79,1	20,9	59,8	1,7	0,0	0,7	5,2	11,1	3,6	1,6	15,2	0,5	0,6
Türkei	75,7	74,9	25,1	53,1	2,6	0,0	7,5	5,3	5,5	10,8	1,1	2,8	10,4	0,6
Hongkong	77,3	42,8	57,2	28,2	0,4	0,0	2,3	3,5	7,5	29,4	4,7	19,0	4,1	0,9
Südafrika	78,1	61,3	38,7	53,5	1,2	0,0	2,0	1,7	1,4	20,5	1,8	5,1	11,3	1,5
Chile	78,3	62,5	37,5	48,7	4,5	0,0	4,0	3,2	1,0	17,3	2,2	4,0	14,0	1,1
Korea DPR	79,0	82,8	17,2	49,6	3,4	0,0	9,1	4,9	15,4	3,5	1,6	12,0	0,1	0,4
Barbados	82,5	43,0	57,0	26,7	5,7	0,0	6,4	1,2	1,5	28,2	1,3	10,5	17,0	1,5
Gruppe IV														
Japan	85,9	52,2	47,8	29,6	1,2	0,0	2,0	4,7	12,9	9,7	5,8	26,7	5,6	1,8
Österreich	85,9	39,7	60,3	27,5	3,5	0,0	0,7	3,0	2,3	30,7	4,7	2,2	22,7	2,7
Zypern	86,1	55,7	44,3	38,6	2,2	0,0	5,0	2,6	5,8	25,8	2,7	1,7	14,1	1,5
Malta	86,3	55,0	45,0	38,4	1,4	0,0	5,7	5,8	2,3	18,6	5,0	4,6	16,8	1,4
Schweden	87,2	33,8	66,2	21,3	4,5	0,0	0,6	1,5	1,9	22,8	4,2	9,3	29,9	4,0
Niederlande	87,6	37,2	62,8	23,9	4,5	0,0	1,0	2,7	1,7	27,1	4,0	4,5	27,2	3,4
BR Deutschland	87,9	36,4	63,6	21,5	5,1	0,0	0,8	2,4	2,7	31,7	6,0	4,3	21,6	3,9
Schweiz	87,9	36,3	63,7	24,6	2,6	0,0	0,5	3,0	2,8	30,6	3,9	2,8	26,4	2,8
Ungarn	91,1	53,3	46,7	38,6	3,4	0,0	0,5	3,8	2,0	26,0	5,2	1,2	14,3	5,0
Großbritannien	91,7	38,3	61,7	22,9	4,9	0,0	2,0	3,3	2,0	29,1	4,8	5,1	22,7	3,2
Dänemark	92,3	34,6	65,4	20,8	4,2	0,0	2,0	1,6	1,3	22,4	3,9	11,9	27,2	4,7

Tabelle 6 (Fortsetzung)

Land	Poteinverbrauch je Person und Tag			Anteil aus (in %)										
	insg. g	pfl. %	tier. %	Getreide	Kartoffeln	Zucker	Leguminosen	Gemüse	Früchte	Fleisch	Eier	Fisch	Milch	Sonstiges
Mongolei	93,5	34,2	65,8	31,1	0,5	0,0	0,5	0,5	0,1	54,9	0,1	0,2	10,6	1,5
Portugal	94,0	56,7	43,3	38,3	5,5	0,0	3,7	5,6	2,6	18,6	1,4	15,3	8,0	1,0
Spanien	94,1	49,9	50,1	27,6	6,0	0,0	4,6	5,6	4,8	22,3	4,5	10,9	12,4	1,3
Finnland	95,0	34,0	66,0	24,0	4,1	0,0	0,5	0,6	1,4	20,8	3,4	7,9	33,9	3,4
DDR	96,2	42,3	57,7	28,5	6,9	0,0	0,6	2,6	1,6	29,2	4,7	6,4	17,4	2,0
Italien	97,1	55,6	44,4	41,7	1,9	0,0	2,4	5,5	3,2	24,6	3,6	3,7	12,5	0,9
Norwegen	97,3	33,2	66,8	21,9	4,5	0,0	1,0	1,2	1,7	18,3	3,2	15,0	30,3	2,9
CSSR	97,5	42,5	57,5	30,5	5,0	0,0	0,5	2,4	1,7	29,0	4,6	2,1	21,8	2,4
Jugoslawien	97,5	68,3	31,7	54,9	3,2	0,0	4,7	2,8	1,4	15,5	2,5	1,7	12,0	1,3
Frankreich	98,0	36,6	63,4	23,2	4,5	0,0	1,4	4,1	1,6	34,2	4,0	5,4	19,7	1,8
Urugay	98,1	37,6	62,4	29,5	2,3	0,0	1,4	0,9	1,1	42,8	1,2	1,3	17,1	2,4
Rumänien	98,1	62,4	37,6	50,3	3,5	0,0	3,3	3,6	1,0	19,8	3,0	2,0	12,8	0,7
Australien	98,6	34,8	65,2	25,3	2,1	0,0	0,8	2,8	1,6	35,1	3,7	4,0	22,4	2,2
Kanada	99,4	34,3	65,7	21,2	3,3	0,0	1,8	2,7	3,3	35,5	4,1	3,9	22,2	2,0
Belgien-Lux.	101,2	39,8	60,2	24,9	4,9	0,0	1,8	3,7	1,4	32,3	4,0	4,4	19,5	3,1
Israel	101,5	48,0	52,0	34,8	1,9	0,0	2,5	3,0	4,8	24,9	6,5	3,7	16,9	1,0
Bulgarien	101,9	63,2	36,8	50,8	1,3	0,0	3,8	3,0	2,6	19,8	2,5	2,7	11,8	2,3
Griechenland	102,0	55,4	44,6	38,4	2,5	0,0	4,4	4,8	4,5	20,2	3,2	4,7	16,5	0,8
USA	104,3	31,3	68,7	17,7	2,2	0,0	1,9	3,3	3,9	39,1	5,0	3,3	21,3	2,3
Polen	105,7	44,5	55,5	34,8	4,6	0,0	0,8	2,9	0,7	19,6	3,5	6,1	26,3	0,7
Irland	106,3	38,2	61,8	26,1	5,0	0,0	2,3	1,9	0,7	31,3	3,7	3,1	23,7	2,2
Argentinien	107,1	37,5	62,5	24,6	4,5	0,0	1,5	2,2	2,8	45,4	1,9	2,0	13,2	1,9
UdSSR	108,2	49,7	50,3	36,0	5,2	0,0	3,0	3,0	1,8	19,4	3,3	9,3	18,3	0,7
Neuseeland	109,4	30,4	69,6	19,8	2,6	0,0	1,3	2,7	1,2	36,1	4,6	3,7	25,2	2,8
Island	113,9	19,7	80,3	13,6	1,8	0,0	0,9	0,6	0,8	26,9	3,0	14,0	36,4	2,0

(69%) erhebliche Gegensätze in bezug auf den im Durchschnitt je Einwohner verfügbaren Anteil an Protein animalischer Herkunft innerhalb des gesamten Proteins.

In Tabelle 6 sind in Gruppe I Länder mit einem Gesamtproteinverbrauch ihrer Bevölkerung von unter 50 g täglich. Die Länder liegen in Afrika, Lateinamerika und Asien. Der Anteil an pflanzlichem Protein ist mit einer Ausnahme, Gabun, höher als der tierischer Herkunft. Dort werden 54% der Nahrung aus Erzeugnissen tierischer Herkunft bezogen. Auch der Anteil animalischen Ursprungs in Kolumbien ist mit 45,1% bemerkenswert.

In der Ernährung der meisten Völker ist Getreide der wichtigste Proteinlieferant. In einigen Ländern werden über 80%, wie in Bhutan, erreicht. Demgegenüber sind Länder mit weniger als 20% zu nennen: Kongo 19,7, Salomonen Inseln 18,7, Papua Neuguinea 12,8 und Gabun 7,0%.

Aus Wurzeln, Knollen und Kartoffeln entstammen in Kambodscha und Indien weniger als 1%. Im Kongo, in Tonga und den Salomonen Inseln sind es mehr als 25%.

In mehreren Ländern spielen auch Leguminosen für die Proteinlieferung eine große Rolle. Über 10% betragen die Anteile in Zaire, Angola, der Dominikanischen Republik, Sao Tomé, Tansania, Indien und insbesondere in Haiti. Gemüse erreicht nirgends einen Anteil von mehr als 7%. Bei Früchten ist der hohe Anteil für die Bevölkerung vom Zentralafrikanischen Empire mit über 25% hervorzuheben.

Die Zahlen für die meisten Länder in dieser Gruppe verweisen an Produkten tierischer Herkunft in erster Linie auf Fleisch; einige Länder allerdings auch auf Milch und wenige auf Fisch. Die Zufuhr aus Eiern beträgt nirgends mehr als 3%. Die Fleischversorgung ist besonders bemerkenswert in Gabun, daneben auch in Tonga und Bolivien. Der Fischverbrauch stellt in Papua Neuguinea mit 19,9% den höchsten Anteil dar; es folgt der im Kongo mit 17,1%. Die Bevölkerung von Kolumbien bezieht fast 22% des Proteins aus Milch, Ekuador 17% und die der Dominikanischen Republik fast 16%.

In Gruppe II sind Länder ausgewiesen, deren Bevölkerung einen täglichen Gesamtproteinverbrauch von 50 bis 70 g haben. Die geographische Lage dieser Länder stimmt weitgehend mit der überein, die bereits in Gruppe I genannt wurde. Der Anteil an pflanzlichem Protein überwiegt auch in der Mehrheit dieser Länder, obgleich es einige Länder gibt, deren Bevölkerung mehr Protein tierischer Herkunft als pflanzlichen Ursprungs verbraucht (Macao, Malediven, St. Lucia, Antigua, Neue Hebriden, Bahamas).

Gleichzeitig gibt es Länder in diesem Versorgungsbereich mit weniger als 10% tierischer Herkunft, wie Malawi 9,4, Ruanda 5,7, Obervolta 5,6, Burundi 7,6%.

Getreide dominiert vor allen anderen Lebensmittelgruppen in bezug auf die Proteinzufuhr. Dabei zeigt sich ein Gefälle zwischen Ländern mit mehr als 70%, wie Afghanistan mit 82,0%, Nepal mit 77,6% und Laos mit 71,3% bis zu Ländern, deren Bewohner eine geringe Zufuhr an Getreide haben (Ruanda 19,5%, Samoainseln 17,9%).

Aus Kartoffeln, Wurzel- und Knollenprodukten stammen in einigen Ländern über 15%: Togo 15,2, Ghana 19,3, Burundi 16,5, Elfenbeinküste 17,5. Die Tabelle 6 verweist zugleich auf mehrere Länder mit weniger als 1%.

Sehr beachtenswert ist der Proteinverbrauch aus Leguminosen in Ruanda mit 42,9%, in Burundi mit 38,8%, Niger 23,5%, in Obervolta mit 20,1%.

Gemüse erreicht in Syrien 8,2%; eine Zahl, die für keine andere Bevölkerung ausgewiesen wird und im Irak mit 6,3%. Der Anteil aus Früchten liegt in mehreren Ländern zwischen 10 und 20% der Proteinzufuhr. Auf die Bevölkerung von Uganda ist besonders hinzuweisen, die 19,1% dieser Produktgruppe entnimmt. Die überwiegende Mehrheit der Länder liegt jedoch mit ihren Anteilen unter 10%.

Der Anteil aus Fleischprotein ist besonders hoch für die Bevölkerung von Namibia mit 39,8%, den Bahamas mit 38,4%, Macao 33,9%, Venezuela mit 26,5%, in Swaziland mit 29% und in Neu Kaledonien mit 33,3% sowie in den Neuen Hebriden mit 34,0%. Für die Bevölkerung von Malawi ist demgegenüber nur ein Anteil von 3,1% auszuweisen, für Kap Verde, Burundi und Malediven von je 3,5%.

Auch in dieser Gruppe beziehen die Bevölkerungen der ausgewiesenen Länder nie mehr als 6% aus Eiern, einige Male aber mehr als 20% aus Fisch, wenn man Malediven nicht berücksichtigt, wo 47,7% des gesamten Proteins aus Fisch stammen. Kein Land erreicht annähernd diesen hohen Wert, selbst aus Getreide wird dort weniger Protein bezogen als aus Fisch.

Für die Bahamas ist der Proteingehalt aus der Milch mit 21,9% hervorzuheben, ähnliches gilt für Antigua. Übertroffen wird dieser Wert von Mauretanien mit 22,8%. Die Bevölkerung von Costa Rica liegt mit 20,9% auf einem ähnlichen Niveau.

Die Proteinzufuhr von Völkern im Bereich von 70 bis 85 g Gesamtprotein wird in Gruppe III ausgewiesen. Mehr Protein tierischer Herkunft haben die Völker von Barbados, Hongkong, Singapur, den Niederländischen Antillen und Martinique.

Bei den meisten Völkern überwiegt noch der Anteil pflanzlicher Herkunft. Die Anteile aus Getreide sind in dieser Gruppe nicht mehr so hoch wie in Gruppe I und II, wenngleich es auch hier Länder gibt, deren Bevölkerung mehr als 70% des Proteins aus dem Getreide entnimmt, so Lesotho 74,4%, Marokko 73,3%.

In keinem Land werden aus Wurzeln, Knollenfrüchten und Kartoffeln mehr als 6% bezogen, Zucker spielt so gut wie keine Rolle für die Proteinbedarfsdeckung, während in Paraguay aus Leguminosen 12,9% stammen und der Anteil in Korea (DPR) mit 9,1% sowie in Ägypten mit 8,1% weit über dem Durchschnitt liegt. Der Verbrauch des Proteins aus Gemüse erreicht nirgends mehr als 6%, der aus Früchten in der Republik Korea 11,1% und in Korea (DPR) 15,4%; in Lesotho im Vergleich dazu nur 0,3%.

Paraguay und die Niederländischen Antillen haben einen Anteil aus Fleisch, der über 30% liegt; Singapur und Hongkong haben mehr als 4% aus Eiern und einige Länder über 15% aus Fischen. Gleichsam auffallend ist der hohe Anteil der Niederländischen Antillen aus Milch mit 25,5%. Ungünstig ist die Fleischproteinlieferung in beiden Ländern von Korea, ungünstig auch der Anteil aus Eiern in Albanien, Martinique, Lesotho, Guadelupe, Ägypten und Libyen, der aus Fisch in Lesotho, Albanien, Paraguay und der für Milch in Korea (DPR) sowie in der Republik Korea.

Die Völker der Länder der Gruppe IV sind die mit der besten Proteinversorgung. Das Protein tierischer Herkunft überwiegt meistens, in Island erreicht es sogar 80,3%. Der Anteil aus Getreide schrumpft demgegenüber zusammen, in Neuseeland 19,8%, in den USA 17,7% und in Island 13,6%. Kartoffeln erreichen in der DDR 6,9%, in der Mongolei nur 0,5%, in weiteren Ländern weniger als 2%.

Aus Leguminosen entnimmt die Bevölkerung von Malta 5,7% und von Zypern 5,0%. Für Gemüse wird für Malta 5,8% ausgewiesen, für Früchte in Japan sogar 12,9%. Sowohl bei Gemüse als auch bei Früchten gibt es Länder, deren Völker jeweils weniger als 1% des gesamten Protein erhalten.

Von allen Ländern dieser Gruppe wartet Japan mit Protein aus Fleisch mit der geringsten Zahl auf (9,7%); in der Schweiz sind es aber 30,6%, in Österreich 30,7%, Neuseeland 31,1%, Irland 31,3%, in der Bundesrepublik Deutschland 31,7%, in Belgien-Luxemburg 32,3%, Frankreich 34,2%, Australien 35,1%, Kanada 35,5%, in den USA 39,1%, in Uruguay 42,8%, in Argentinien 45%, in der Mongolei 55%.

Mehrere Völker haben einen Anteil aus Eiern, der über 5% liegt, wie Malta, Japan, Schweiz und insbesondere Israel mit 6,5%.

An Fisch ist die Menge, die für Japan ausgewiesen wird mit 26,7% am höchsten, gefolgt von Portugal mit 15,3%, Norwegen mit 15,0% und Island mit 14,0%.

In Finnland werden 33,9%, in Norwegen 30,3%, in Island sogar 36,4% des gesamten Proteins aus Milch und Milchprodukten bezogen. Demgegenüber sind es in Portugal 8%, in Japan sogar nur 5,6%.

Alle Länder in dieser Gruppe haben ein beachtenswert hohes Versorgungsniveau. Die Anteile an Protein tierischer Herkunft, gleichgültig aus welchen Quellen sie stammen, sind für die Bewohner dieser Länder zumindest zufriedenstellend. Am geringsten ist der Anteil tierischen Proteins für die Bevölkerung von Jugoslawien mit 31,7%, etwas besser der für die in Bulgarien mit 36,8%.

3.5.3.1 Aufgliederung des Proteins animalischer Herkunft

In Tabelle 7 erfolgt für alle Länder, deren Verbrauchsdaten zur Verfügung stehen, eine Aufgliederung des tierischen Proteins nach seinen Ursprungsprodukten Fleisch, Eier, Fisch, Milch. Die Länder sind nach geographischen Regionen geordnet.
Für die meisten Länder ist Fleisch der wichtigste Lieferant. Demgegenüber trägt es zur mittleren Versorgung mit tierischem Protein bei der Bevölkerung von Malediven zu weniger als 7% bei. In mehreren Ländern sind auch Milch und Milcherzeugnisse die ersten Lieferanten. Solche Länder finden sich in allen geographischen Regionen, wenngleich mit starken Streuungen. Eier erreichen mit Ausnahme von Laos, Jordanien, Israel, Japan stets weniger als 12% an der gesamten Versorgung. Weit größer ist die Streuung des Anteils an Fischprotein; von unter 1% in mehreren Ländern bis über 90% in Malediven.

3.5.3.2 FAO-reference pattern

Da die Ausgangswerte der Daten über Menge und Art des zugeführten Proteins FAO-Quellen entstammen, sollen die Versorgungsziffern der Länder mit dem vom FAO/WHO Expert-Commitee erarbeiteten Aminosäureverteilungsmuster „FAO-reference pattern" (FAO 1965) verglichen werden (WIRTHS 1970). 100 g „reference pattern" werden mit 31,4 g bzw. 1 g N wird mit 2016 mg Aminosäuren bewertet. Diese Menge an Aminosäuren wird vom FAO-Expert-Committee zur Deckung des Proteinbedarfs für ausreichend gehalten. Das Ergebnis demonstriert Abb. 1.
Die Darstellung über die Proteinversorgung in den einzelnen Ländern ist nach steigender Proteinzufuhr geordnet. Neben der Zufuhr an Protein insgesamt nach dem durchschnittlichen Verbrauch der einzelnen Populationen sind der FAO-Maßstab und die Zufuhr an Protein animalischer Herkunft verzeichnet. Es ergibt sich demnach eine signifikant gesicherte Korrelation zwischen der Höhe des Verbrauchs an gesamtem Protein und dem FAO-Referenzprotein von 0,989. Beide Kurven verlaufen weitgehend parallel. Beim Verbrauch an Protein animalischer Herkunft

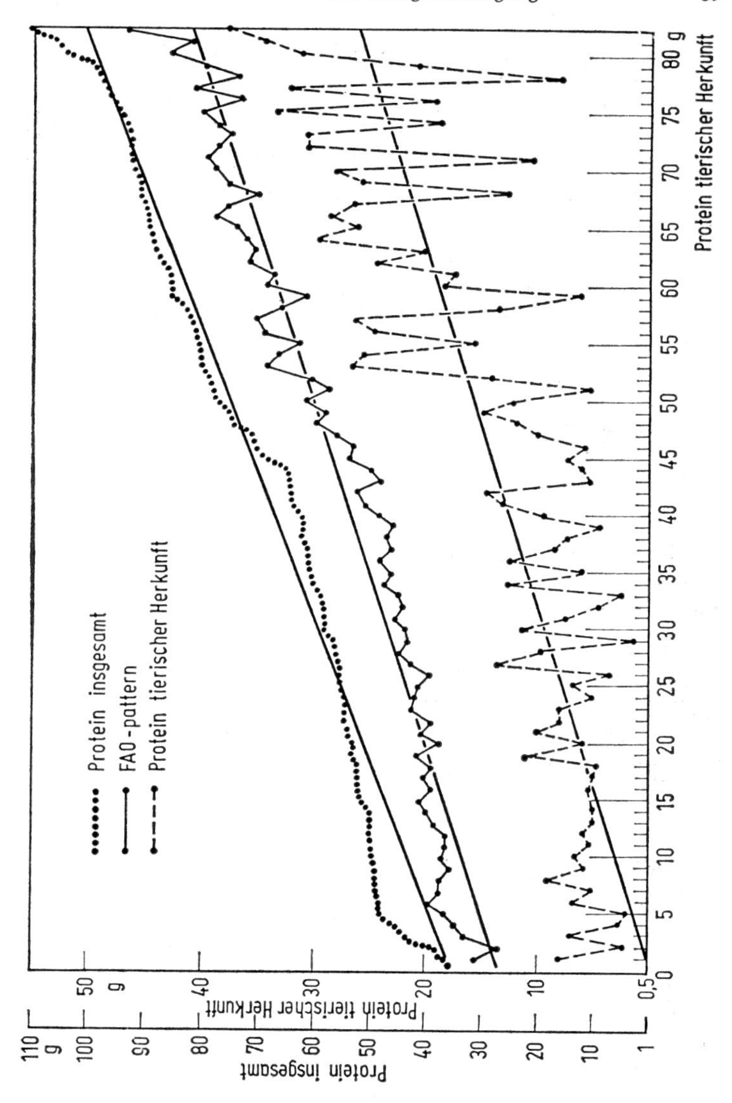

Abb. 1 *Verbrauch an Protein, Protein tierischer Herkunft und nach dem FAO-reference pattern*

Legende zu Abb. 1
1 Gabun, 2 Indonesien, 3 Ekuador, 4 Indien, 5 Mozambique, 6 Mauritius, 7 Ghana, 8 Philippinen, 9 Saudi-Arabien, 10 Bolivien, 11 Marokko, 12 Iran, 13 Ceylon, 14 Uganda, 15 Somalia, 16 Pakistan, 17 Elfenbeinküste, 18 Madagaskar, 19 Dom. Republik, 20 Honduras, 21 Costa Rica, 22 Malaysia, 23 Surinam, 24 Kamerun, 25 Jordanien, 26 Afghanistan, 27 Kolumbien, 28 Peru, 29 Ruanda, 30 Jamaika, 31 El Salvador, 32 Tansania, 33 Nigeria, 34 Venezuela, 35 Gambia, 36 Panama, 37 Irak, 38 Libyen, 39 Guatemala, 40 China (Taiwan), 41 Sudan, 42 Nicaragua, 43 Mali, 44 Kenia, 45 Äthiopien, 46 Korea, 47 Brasilien, 48 Mexiko, 49 Portugal, 50 Japan, 51 Syrien, 52 Libanon, 53 Schweden, 54 Bundesrepublik Deutschland, 55 Südafrika, 56 Norwegen, 57 Niederlande, 58 Chile, 59 Ägypten, 60 Spanien, 61 Italien, 62 Österreich, 63 Israel, 64 Argentinien, 65 Schweiz, 66 Großbritannien, 67 Finnland, 68 Rumänien, 69 Belgien-Luxemburg, 70 Irland, 71 Jugoslawien, 72 Dänemark, 73 Australien, 74 Polen, 75 USA, 76 Ungarn, 77 Kanada, 78 Türkei, 79 Griechenland, 80 Frankreich, 81 Uruguay, 82 Neuseeland.

ist die Korrelation etwas ungünstiger (0,874). Die Höhe der mittleren Proteinversorgung der ausgewiesenen Länder erreicht 65,7 g/d, an Protein animalischer Herkunft 24,6 g/d und an den berücksichtigten Aminosäuren 26,2 g/d. Das FAO-reference pattern ist demnach ein besseres Bezugssystem zum Proteingehalt eines Lebensmittelverbrauchs insgesamt als zum Proteinverbrauch animalischer Herkunft.
Aus technischen Gründen sind die in Abb. 1 einbezogenen Länder lediglich numeriert. Die Legende unter der Abbildung nennt die einzelnen Länder.

Tabelle 7 *Herkunft des animalischen Proteins nach Lebensmittelgruppen (1974)*

Land	Fleisch %	Eier %	Fisch %	Milch %
Lateinamerika				
Antigua	35,1	2,6	26,2	36,1
Argentinien	72,7	3,0	3,2	21,1
Bahamas	57,4	0,9	9,0	32,7
Barbados	49,5	2,3	18,4	29,8
Belize	43,0	3,8	5,7	47,5
Bolivien	76,8	3,7	3,3	16,2
Brasilien	59,8	5,3	9,4	25,5

Tabelle 7 (Fortsetzung)

Land	Fleisch %	Eier %	Fisch %	Milch %
Chile	46,1	5,9	10,7	37,3
Costa Rica	36,7	9,0	5,8	48,5
Dominica	40,3	2,8	30,6	26,3
Dominik. Rep.	39,3	6,4	8,4	45,9
Ekuador	41,3	4,0	10,1	44,6
El Salvador	36,0	10,3	6,2	47,5
Grenada	34,6	4,8	41,5	19,1
Guadalupe	44,7	1,3	30,5	23,5
Guatemala	41,8	11,3	2,5	44,4
Guyana	38,9	5,3	35,2	20,6
Haiti	65,6	7,0	5,6	21,8
Honduras	38,8	10,8	2,2	48,2
Jamaika	42,8	5,9	19,9	31,4
Kolumbien	39,0	6,2	6,2	48,6
Kuba	46,3	6,5	17,4	29,8
Martinique	45,0	1,3	28,0	25,7
Mexiko	45,4	9,5	8,5	36,6
Nicaragua	38,4	7,5	6,7	47,4
Nied. Antillen	47,7	1,7	10,9	39,7
Panama	58,7	5,7	10,4	25,2
Paraguay	80,1	5,9	1,0	13,0
Peru	44,8	3,1	20,6	31,5
St. Lucia	44,4	3,4	32,5	19,7
St. Vincent	32,6	5,0	23,4	39,0
Surinam	43,7	4,9	31,4	20,0
Trinidad	41,8	4,3	11,2	42,6
Uruguay	68,6	1,9	2,1	27,4
Venezuela	54,3	6,0	10,1	29,6
Australien/Ozeanien				
Australien	53,8	5,7	6,1	34,4
Fidschi Inseln	31,5	4,1	38,3	26,1
Fr. Polynesien	47,7	2,7	35,3	14,3
Neue Hebriden	56,6	1,8	33,9	7,7
Neu-Kaledonien	68,6	3,5	6,0	21,9
Neuseeland	51,9	6,6	5,3	36,2
Papua Neuguinea	44,2	1,0	50,5	4,3
Samoainseln	58,5	1,4	36,8	3,3
Salomonen	40,1	3,5	42,5	13,9
Tonga	66,8	5,4	21,7	6,1
Ferner Osten				
Afghanistan	59,5	2,7	0,0	37,8
Bangladesch	23,5	1,4	51,7	23,4
Bhutan	29,0	0,0	12,9	58,1
Brunei	34,7	9,7	36,6	19,0

Tabelle 7 (Fortsetzung)

Land	Fleisch %	Eier %	Fisch %	Milch %
Burma	25,9	8,6	48,2	17,3
China	48,0	9,4	38,1	4,5
Hongkong	51,4	8,2	33,2	7,2
Indien	12,0	0,0	17,9	70,1
Indonesien	21,1	5,5	69,5	3,9
Japan	20,3	12,1	55,9	11,7
Kambodscha	44,3	3,0	47,3	5,4
Korea Rep.	17,2	7,7	72,7	2,4
Korea DPR	20,3	9,3	69,8	0,6
Laos	64,4	15,4	17,2	3,0
Macao	61,2	9,7	25,0	4,1
Malaysia	28,9	6,1	50,0	15,0
Malediven	6,8	0,0	93,2	0,0
Mal. Sabah	26,7	7,3	52,5	13,5
Mongolei	83,4	0,2	0,3	16,1
Nepal	30,0	4,3	1,4	64,3
Pakistan	21,2	1,1	3,8	73,9
Philippinen	36,3	5,9	49,8	8,0
Sarawak	14,8	6,1	67,2	11,9
Singapur	37,4	7,8	34,1	20,7
Sri Lanka	18,3	7,9	43,3	30,5
Südvietnam	23,3	3,8	69,7	3,2
Thailand	33,1	8,3	51,8	6,8
Vietnam	32,2	7,1	58,0	2,7
Naher Osten				
Ägypten	45,8	4,2	9,7	40,3
Algerien	27,4	2,4	6,3	63,9
Irak	43,7	3,7	5,6	47,0
Iran	53,0	5,1	1,9	40,0
Israel	47,9	12,5	7,1	32,5
Jemen AR	52,4	1,3	6,0	40,3
Jemen Dem.	27,1	2,1	44,0	26,8
Jordanien	38,0	14,8	6,6	40,6
Libanon	46,9	6,9	5,0	41,2
Libyen	49,7	2,0	6,7	41,6
Marokko	54,1	7,5	14,4	24,0
Saudi-Arabien	40,9	3,5	13,0	42,6
Syrien	41,4	6,8	3,2	48,6
Tunesien	43,4	4,4	14,6	37,6
Afrika				
Angola	43,3	0,7	36,6	19,4
Äthiopien	69,3	6,5	2,0	22,2
Benin	43,3	2,2	48,9	5,6
Botswana	68,4	0,3	2,1	29,2

Tabelle 7 (Fortsetzung)

Land	Fleisch %	Eier %	Fisch %	Milch %
Burundi	46,1	2,6	27,6	23,7
Elfenbeinküste	40,9	0,9	51,9	6,3
Gabun	78,3	0,4	16,1	5,2
Gambia	52,9	0,9	34,9	11,3
Ghana	28,0	1,4	66,2	4,4
Guinea	52,0	5,1	23,5	19,4
Guin. Bissau	56,3	1,0	16,0	26,7
Kamerun	48,5	1,5	40,2	9,8
Kap Verde	29,2	1,7	45,8	23,3
Kenia	52,7	2,6	7,9	36,8
Komoren	46,9	5,6	31,7	15,8
Kongo	37,6	1,0	58,0	3,4
Lesotho	77,5	2,6	0,0	19,9
Liberia	37,5	3,2	50,6	8,7
Madagaskar	77,2	0,9	17,1	4,8
Malawi	33,0	6,4	50,0	10,6
Mali	49,5	1,1	34,2	15,2
Mauretanien	32,5	1,3	18,8	47,4
Mauritius	20,2	3,4	33,6	42,8
Mozambique	60,4	3,9	17,1	18,6
Namibia	85,0	0,0	0,0	15,0
Niger	53,3	2,2	8,0	36,5
Nigeria	63,2	6,3	18,9	11,6
Obervolta	66,0	3,6	12,5	17,9
Réunion	53,8	4,6	21,8	19,8
Rhodesien	75,3	1,8	5,7	17,2
Ruanda	71,9	0,0	3,5	24,6
Sambia	44,3	3,5	25,5	26,7
Sao Tomé	25,4	4,6	48,2	21,8
Senegal	26,5	1,4	61,5	10,6
Sierra Leone	16,4	1,8	76,5	5,3
Somalia	51,4	0,7	0,7	47,2
Sudan	47,6	0,9	2,4	49,1
Südafrika	53,0	4,7	13,2	29,1
Swaziland	73,6	1,8	0,0	24,6
Tanzania	37,4	1,4	30,8	30,4
Togo	44,4	1,4	51,4	2,8
Tschad	39,9	1,0	41,3	17,8
Uganda	36,0	1,8	42,6	19,6
Zaire	49,6	2,5	43,0	4,9
Zentralafrik. EMP	84,8	1,0	9,8	4,4
Europa einschließlich UdSSR				
Albanien	48,8	2,6	2,6	46,0
Belgien-Luxemburg	53,7	6,6	7,3	32,4
BR Deutschland	49,8	9,4	6,8	34,0

Tabelle 7 (Fortsetzung)

Land	Fleisch %	Eier %	Fisch %	Milch %
Bulgarien	53,8	6,8	7,3	32,1
CSSR	50,4	8,0	3,7	37,9
Dänemark	34,4	6,0	18,2	41,7
DDR	50,6	8,1	11,1	30,2
Finnland	31,5	5,2	12,0	51,3
Frankreich	53,9	6,3	8,5	31,3
Griechenland	45,3	7,2	10,5	37,0
Großbritannien	47,1	7,8	8,3	36,8
Irland	50,7	6,0	5,0	38,3
Island	33,5	3,7	17,4	45,4
Italien	55,4	8,1	8,3	28,2
Jugoslawien	48,8	7,9	5,4	37,9
Malta	41,4	11,1	10,2	37,3
Niederlande	43,2	6,4	7,2	43,2
Norwegen	27,4	4,8	22,5	45,3
Österreich	50,9	7,8	3,6	37,7
Polen	35,3	6,3	11,0	47,4
Portugal	43,0	3,2	35,3	18,5
Rumänien	52,7	8,0	5,3	34,0
Spanien	44,4	9,0	21,8	24,8
Schweden	34,4	6,3	14,0	45,3
Schweiz	48,0	6,1	4,4	41,5
Türkei	43,0	4,4	11,2	41,4
UdSSR	38,5	6,6	18,5	36,4
Ungarn	55,7	11,1	2,6	30,6
Zypern	58,3	6,1	3,8	31,8
Nordamerika				
Kanada	54,0	6,2	5,9	33,9
USA	56,9	7,3	4,8	31,0

Quelle: Eigene Berechnungen nach
Monthly Bull. agric. Econ. Statist. [FAO]
Statistical Tables
Special Feature: Food Supply: Calories per Caput per Day-Proteins per Caput per Day-Fat per Calut per Day
4 (25), 7—10, 1976
7/8 (25), 41—44, 1976
1 (26), 28—31, 1977
2 (26), 5—8, 1977

3.5.4 Fettversorgung der Erdbevölkerung

Von der Weltfetterzeugung entfallen 60% auf Pflanzenfette, 23% auf Schlachtfette, 13% auf Butterfett und 4% auf Seetieröle.

15 Mill. t gelangen in den internationalen Handel. Die FAO schätzt die 1976 insgesamt erzeugte Menge auf über 47 Mill. t. Bei den einzelnen Fettarten ist die Weltfettexportquote der Produktion sehr unterschiedlich. Sie beträgt bei Butterfett 11%, Schlachtfetten 19% und pflanzlichen Fetten 35%. Die Fettexporte auf der Erde beziehen sich überwiegend auf pflanzliche Öle (75%); 16% sind Schlachtfette, 6% Butter. Ohne diese hohen Exportquoten wäre ein weltweiter Versorgungsausgleich in der Fettversorgung weder mengen- noch qualitäts- oder preismäßig möglich.

In Tabelle 8 erfolgt ein Nachweis über Anteile einzelner Lebensmittel an der gesamten Fettversorgung nach Ländern.

Auch beim Fettverbrauch zeigen sich große Unterschiede nach geographischen Regionen. In Gruppe I werden Länder ausgewiesen, deren Bevölkerung täglich im Durchschnitt weniger als 40 g Reinfett insgesamt aufnimmt. Die Bevölkerungen aller Länder, mit Ausnahme von Bolivien und Laos sowie China, haben einen höheren Anteil pflanzlicher Herkunft. Für Speisefette, die in sehr unterschiedlichen Anteilen enthalten sind, ist es ähnlich, so in Ruanda mit nur 6,7% und in Laos mit 9,9%; andererseits aber in Liberia mit 75,8% des gesamten Fettverbrauchs. Pflanzliche Fette machen meistens einen höheren Anteil aus als tierische Fette. In Madagaskar, der Republik Korea und in Bolivien liegt allerdings der Anteil der tierischen Speisefette höher.

Aus Getreide wird in vielen Ländern ein höherer Anteil des Fettes geliefert als von Speisefetten. Das ist eine bemerkenswerte Feststellung, da häufig angenommen wird, daß Getreideerzeugnisse infolge ihres Reichtums an Kohlenhydraten mehr oder weniger kein Fett enthalten. Getreidearten liefern sogar in Lesotho für die dortige Bevölkerung sowie für Obervolta mehr als die Hälfte des gesamten Reinfetts. Unbedeutend in der überwiegenden Mehrheit der Länder sind die Anteile an Leguminosen, wenngleich in Ruanda annähernd 12% aus dieser Gruppe stammen. Korea, Rep. erreicht über 3% aus Gemüse, während die Anteile bei Früchten sehr unterschiedlich sind. Auf den Komoren wird für die dortige Bevölkerung mehr als die Hälfte des gesamten Fettes aus Früchten bereitgestellt.

Tabelle 8 *Fettverbrauch nach Ländern*
Gruppe I: Länder unter 40 g Reinfett/d
Gruppe II: Länder von 40—60 g Reinfett/d
Gruppe III: Länder von 60—100 g Reinfett/d
Gruppe IV: Länder über 100 g Reinfett/d

Land	Fettverbrauch je Person u. Tag			Anteil aus (in %) Speisefetten			verborgenen Fetten									
	insg. g	pfl. %	tier. %	insg.	pfl.	tier.	Getreide	Kartoffeln	Leguminosen	Gemüse	Früchte	Fleisch	Eier	Fisch	Milch	Sonstige
Gruppe I																
Ruanda	12,0	79,2	20,8	6,7	4,2	2,5	27,5	9,2	11,7	0,8	25,8	10,8	0,0	0,0	6,7	0,8
Bangladesch	13,5	66,7	33,3	34,1	27,4	6,7	30,4	0,7	1,5	0,7	3,0	11,1	0,7	3,7	11,1	3,0
Kambodscha	19,2	56,3	43,7	20,8	13,0	7,8	29,7	0,0	0,5	1,6	9,4	30,2	1,0	3,1	1,6	2,1
Burundi	20,4	80,9	19,1	27,9	25,5	2,4	29,4	7,8	7,4	1,0	9,8	8,8	0,5	1,0	6,4	0,0
Bhutan	22,3	88,3	11,7	54,7	49,8	4,9	34,1	0,4	0,9	0,9	0,4	3,6	0,0	0,0	2,7	2,3
Korea Rep.	22,8	55,0	45,0	21,9	8,3	13,6	23,2	1,3	0,0	3,5	18,4	16,2	4,8	8,8	1,3	0,6
Laos	24,3	45,7	54,3	9,9	4,9	5,0	33,7	0,4	0,8	0,8	2,5	41,2	6,2	1,2	0,8	2,5
Korea DPR	25,0	64,0	36,0	16,4	12,4	4,0	26,0	1,2	2,8	2,4	18,4	19,9	4,4	7,3	0,4	0,8
Afghanistan	25,6	65,6	34,4	26,2	18,8	7,4	34,2	0,0	0,8	0,8	10,2	17,6	0,8	0,0	9,0	0,4
Obervolta	25,8	88,4	11,6	15,5	12,8	2,7	52,3	0,4	7,8	0,0	15,1	6,6	0,0	0,4	2,3	0,0
Madagaskar	26,3	49,0	51,0	22,8	10,6	12,2	22,1	1,9	0,8	0,8	12,5	35,4	0,4	1,5	1,5	0,3
Südvietnam	26,8	55,6	44,4	32,1	28,4	3,7	15,3	0,7	0,4	1,1	8,2	28,0	2,6	9,7	0,0	1,9
Vietnam	26,8	47,0	53,0	19,4	14,6	4,8	22,4	1,1	0,4	0,7	6,3	37,7	3,7	6,0	0,7	1,6
Indonesien	27,1	88,9	11,1	36,9	35,4	1,5	23,2	2,6	0,4	0,7	26,2	5,5	1,1	2,6	0,4	0,4
Nepal	27,3	64,1	35,9	34,4	29,3	5,1	31,1	0,4	1,5	0,4	0,4	6,2	1,1	0,0	23,4	1,1
Thailand	28,3	56,9	43,1	20,5	16,3	4,2	13,1	0,4	0,4	0,7	24,4	29,7	3,5	4,9	0,7	1,7
Indien	28,4	73,6	26,4	45,1	36,3	8,8	20,8	0,4	3,5	1,1	10,2	1,4	0,0	0,4	15,8	1,3
Philippinen	28,6	53,1	46,9	40,6	35,7	4,9	8,0	1,0	0,0	1,0	4,2	30,4	3,5	6,6	1,7	3,0
Lesotho	28,8	64,6	35,4	15,3	8,0	7,3	54,6	0,0	1,0	0,3	0,7	22,9	0,7	0,0	4,5	0,0
Kongo	28,9	84,1	15,9	29,8	28,8	1,0	5,2	5,9	0,3	0,3	39,8	8,7	0,3	5,2	1,0	3,5
Zaire	29,0	86,9	13,1	51,7	50,3	1,4	7,9	4,8	1,0	0,3	22,6	8,3	0,3	2,4	0,7	0,0
Niger	29,3	73,4	26,6	17,1	9,6	7,5	47,2	0,3	3,4	0,0	12,6	10,6	0,7	0,3	7,8	0,0

Tabelle 8 (Fortsetzung)

Land	Fettverbrauch je Person u. Tag			Anteil aus (in %) Speisefetten			verborgenen Fetten									
	insg. g	pfl. %	tier. %	insg.	pfl.	tier.	Getreide	Kartoffeln	Leguminosen	Gemüse	Früchte	Fleisch	Eier	Fisch	Milch	Sonstige
Jemen AR	30,0	64,0	36,0	21,7	14,3	7,4	45,0	0,0	1,7	0,3	1,7	17,7	0,3	0,3	10,3	1,0
Togo	30,5	81,6	18,4	36,4	30,8	5,6	28,9	4,3	2,6	0,3	13,1	9,8	0,3	2,3	0,7	1,3
Äthiopien	30,7	70,4	29,6	31,3	24,4	6,9	32,2	0,3	2,6	0,3	7,8	14,7	1,6	0,0	6,2	3,0
Haiti	30,7	70,0	30,0	26,7	20,8	5,9	28,3	1,0	2,0	0,7	15,3	17,9	1,3	0,3	4,6	1,9
Kenia	30,9	63,1	36,9	17,2	12,9	4,3	37,9	1,0	3,2	0,3	7,1	16,8	0,6	0,3	14,9	0,7
Tanzania	31,0	62,9	37,1	33,5	25,2	8,3	11,3	2,6	1,6	1,0	20,6	13,2	0,6	1,9	13,2	0,5
Uganda	31,0	75,2	24,8	16,8	14,2	2,6	11,9	1,3	1,9	0,3	45,2	10,3	0,6	2,6	8,7	0,4
Mozambique	32,1	83,5	16,5	42,4	40,5	1,9	19,0	2,2	0,6	0,3	20,6	10,6	0,6	0,9	2,8	0,0
Mali	32,6	78,5	21,5	28,2	23,9	4,3	35,7	0,3	0,9	0,3	17,8	10,1	0,3	1,5	5,2	0,0
Elfenbeinküste	33,3	69,7	30,3	28,8	24,0	4,8	12,9	3,9	0,3	2,4	23,7	15,9	0,6	5,7	3,6	2,2
China	33,3	48,6	51,7	25,8	19,5	6,3	14,8	2,1	1,2	1,2	9,6	38,4	3,3	2,1	1,5	0,0
Burma	33,7	76,9	23,1	44,5	40,7	3,8	23,1	0,0	1,5	0,9	10,1	12,5	2,1	2,1	2,7	0,5
Pakistan	33,9	57,2	42,8	59,3	33,3	26,0	18,6	0,0	0,0	0,6	0,6	5,3	0,3	0,3	11,2	3,8
Gabun	34,2	62,3	37,7	48,2	44,1	4,1	2,3	3,8	0,0	0,9	10,8	23,7	0,3	5,8	3,8	0,4
Angola	34,3	73,5	26,5	53,1	49,3	3,8	14,3	2,3	0,9	0,6	6,1	14,6	0,3	2,3	5,5	0,0
Bolivien	35,1	35,3	64,7	39,0	9,9	29,1	14,8	2,8	0,3	1,1	5,1	27,9	1,4	0,9	5,1	1,6
Sarawak	35,6	67,7	32,3	51,4	40,4	11,0	11,2	0,3	0,3	0,6	14,3	8,4	2,8	7,3	2,8	0,6
Guinea	35,6	90,7	9,3	54,8	53,9	0,9	21,7	0,8	0,8	0,3	13,2	4,2	0,6	1,1	2,5	0,0
Tschad	35,9	78,3	21,7	14,5	10,9	3,6	30,4	0,3	1,9	0,3	34,8	7,8	0,3	2,2	7,5	0,0
Guatemala	36,4	64,6	35,4	38,5	26,1	12,4	33,1	0,0	1,6	0,5	2,7	8,8	3,3	0,3	10,4	0,0
Malediven	36,8	77,4	22,6	44,6	44,6	0,0	5,7	0,8	1,9	1,1	23,1	1,9	0,0	20,7	0,0	0,2
Zambia	36,9	68,3	31,7	22,0	17,1	4,9	36,9	0,3	0,3	0,5	12,5	12,5	1,1	1,6	11,4	0,9
Nigeria	37,5	91,2	8,8	56,8	54,7	2,1	21,6	2,7	1,1	0,8	10,1	5,1	0,5	0,5	0,8	0,0
Liberia	37,6	85,9	14,1	75,8	74,5	1,3	4,3	1,3	0,0	0,8	5,1	7,4	0,5	3,5	1,3	0,0

Tabelle 8 (Fortsetzung)

Land	Fettverbrauch je Person u. Tag			Anteil aus (in %)												
				Speisefetten			verborgenen Fetten									
	insg. g	pfl. %	tier. %	insg.	pfl.	tier.	Getreide	Kartoffeln	Legumi-nosen	Gemüse	Früchte	Fleisch	Eier	Fisch	Milch	Sonstige
Komoren	38,0	86,3	13,7	25,5	22,4	2,1	5,0	1,8	0,8	0,0	55,2	6,6	0,8	1,1	3,2	0,0
Papua Neuguinea	38,8	47,9	52,1	25,0	16,5	8,5	3,1	4,9	0,8	1,8	20,4	25,8	0,3	16,8	1,0	0,1
Honduras	39,2	57,7	42,3	43,6	24,5	19,1	28,8	0,3	1,3	0,3	2,0	8,2	3,3	0,5	11,2	0,5
Gruppe II																
Algerien	40,4	64,9	35,1	61,6	48,7	12,9	12,1	0,2	0,5	0,2	2,5	7,4	0,5	0,5	14,1	0,4
Irak	41,4	54,3	45,7	48,1	36,2	11,9	13,0	0,0	0,5	1,7	2,7	20,8	1,4	0,5	11,1	0,2
El Salvador	41,6	67,1	32,9	47,1	32,9	14,2	25,7	0,2	1,0	0,5	5,8	7,7	3,1	0,7	7,2	1,0
Sri Lanka	42,4	88,4	11,6	19,8	18,9	0,9	4,7	0,7	0,2	0,2	60,1	1,4	1,4	1,4	6,4	3,7
Saudi-Arabien	43,8	63,9	36,1	37,9	29,2	8,7	18,5	0,0	0,7	2,5	11,4	13,5	1,1	1,6	11,2	1,6
Kolumbien	44,2	47,5	52,5	44,1	33,5	10,6	7,5	1,1	0,5	0,2	2,0	20,4	2,5	0,7	18,3	2,7
Guyana	44,6	59,9	40,1	49,8	43,5	6,3	5,8	0,2	0,4	0,2	8,7	17,7	2,2	3,4	10,3	1,3
Ghana	45,1	86,7	13,3	38,4	36,6	1,8	12,0	2,9	0,0	0,2	32,8	5,5	0,4	5,5	0,2	2,1
Malawi	45,3	84,3	15,7	14,8	8,2	6,6	41,7	0,0	0,4	0,4	33,1	6,2	0,9	1,1	1,1	0,3
Ägypten	45,7	75,3	24,7	51,9	40,9	11,0	26,5	0,0	1,1	1,1	4,8	9,4	0,7	0,4	3,3	0,8
Marokko	46,2	73,2	26,8	61,3	50,4	10,9	17,5	0,0	1,1	0,2	3,0	10,4	1,5	0,9	3,2	0,9
Benin	46,7	88,9	11,1	41,8	40,3	1,5	18,2	1,9	0,9	0,2	27,4	6,4	0,4	1,7	1,1	0,0
Iran	47,4	68,4	31,6	60,3	49,6	10,7	13,3	0,0	0,4	0,6	3,6	14,1	1,3	0,0	5,7	0,7
Somalia	47,8	45,2	54,8	20,9	14,4	6,5	18,0	0,0	0,0	0,2	12,6	18,6	0,2	0,0	29,5	0,0
Albanien	48,4	47,5	52,5	36,4	28,5	7,9	12,5	0,2	0,4	1,0	5,0	23,3	0,8	0,2	20,2	0,0
Brasilien	49,2	52,8	47,2	46,5	38,2	8,3	5,3	1,0	1,8	0,2	6,1	25,9	2,0	1,0	10,2	0,0
Peru	49,6	47,6	52,4	50,4	29,8	20,6	9,9	1,8	0,6	0,4	4,2	15,3	1,2	3,4	11,9	0,9
Ekuador	50,5	49,7	50,3	48,5	31,7	16,8	7,9	1,0	0,6	0,4	5,5	14,7	1,4	1,2	16,6	2,2
Kamerun	50,9	82,5	17,5	34,0	29,9	4,1	15,7	1,2	0,6	0,4	33,2	9,8	0,4	1,6	1,8	1,3
Malaysia	51,1	62,0	38,0	55,4	41,7	13,7	10,8	0,0	0,2	0,4	7,0	14,7	1,8	3,7	4,3	1,7

Tabelle 8 (Fortsetzung)

Land	Fettverbrauch je Person u. Tag.			Anteil aus (in %)												
				Speisefetten			verborgenen Fetten									
	insg. g	pfl. %	tier. %	insg.	pfl.	tier.	Getreide	Kartoffeln	Leguminosen	Gemüse	Früchte	Fleisch	Eier	Fisch	Milch	Sonstige
Rhodesien	51,7	67,3	32,7	25,2	19,0	6,2	35,6	0,0	0,4	0,2	12,2	19,5	0,6	0,6	5,6	0,0
Dominik. Rep.	52,0	66,7	33,3	50,4	44,8	5,6	4,4	0,8	1,2	0,2	13,3	13,1	1,7	0,8	11,9	2,2
Nicaragua	52,1	50,9	49,1	45,1	28,0	17,1	18,6	0,2	1,7	0,2	1,2	16,5	3,1	1,5	10,9	1,0
Senegal	53,6	81,7	18,3	48,1	46,5	1,6	17,3	0,2	0,2	0,2	17,0	8,8	0,4	3,5	4,1	0,2
Sierra Leone	54,3	92,6	7,4	71,1	70,5	0,6	5,0	0,2	0,6	0,6	15,7	2,4	0,4	3,1	0,9	0,0
Botswana	42,1	46,6	53,4	29,2	15,7	13,5	27,4	0,0	1,7	0,2	1,4	23,3	0,2	0,2	16,2	0,0
Jemen DEM	42,6	41,1	58,9	54,2	18,1	36,1	16,4	0,0	0,2	0,5	4,2	11,0	0,7	3,3	7,7	1,8
Mauretanien	43,6	36,0	64,0	19,5	12,2	7,3	20,4	0,0	0,5	0,0	2,8	15,6	0,7	2,3	37,8	0,0
Swäziland	44,1	46,3	53,7	26,3	18,1	8,2	27,0	0,2	0,2	0,2	0,5	31,1	0,7	0,0	13,8	0,0
Kap Verde	45,2	58,0	42,0	48,2	15,7	32,5	25,0	0,7	2,2	0,2	13,9	6,2	0,2	1,5	1,5	0,4
Zentralafr. EMP	46,2	83,5	16,5	27,5	25,1	2,4	10,4	3,0	0,2	0,2	44,8	12,7	0,2	0,6	0,6	0,0
Jordanien	48,7	75,2	24,8	61,6	57,5	4,1	10,5	0,0	1,0	0,6	5,1	9,7	3,3	0,8	7,0	0,4
Brunei	49,0	52,9	47,1	41,8	32,4	9,4	7,1	0,4	0,2	0,4	7,6	17,3	5,7	7,6	7,1	4,8
Guinea Bissau	49,5	75,4	24,6	52,1	49,1	3,0	7,5	0,8	0,6	0,4	17,0	15,6	0,2	1,0	4,8	0,0
Dominica	49,6	50,6	49,4	35,7	23,4	12,3	3,2	1,2	0,8	0,4	18,8	23,6	1,4	4,4	7,9	2,6
Salomonen	52,3	75,7	24,3	36,3	31,7	4,6	2,7	5,3	0,8	0,2	35,0	12,0	0,8	5,9	1,0	0,2
St. Vincent	53,3	60,3	39,7	49,3	37,0	12,3	4,3	1,1	0,4	0,0	13,3	16,3	2,3	3,0	5,8	4,2
Guadalupe	54,2	39,5	60,5	40,6	26,2	14,4	6,3	1,1	0,6	0,6	3,1	29,9	0,7	4,8	10,5	1,8
Kuba	55,5	31,9	68,1	47,9	20,5	27,4	6,4	0,5	1,1	0,2	3,4	27,7	3,1	2,0	7,7	0,0
Jamaica	56,4	47,7	52,3	45,9	28,7	17,2	6,0	0,9	0,2	0,4	11,5	21,5	2,7	4,4	6,4	0,1
Syrien	56,9	61,3	38,7	51,5	35,5	16,0	10,1	0,0	1,4	1,8	12,8	12,8	1,4	0,5	7,7	0,0
Namibia	57,0	46,3	53,7	42,8	34,2	8,6	9,5	1,2	0,7	0,2	0,5	35,3	0,0	0,0	9,8	.
Surinam	57,5	73,2	26,8	65,6	62,6	3,0	4,7	0,2	0,3	0,2	3,8	13,6	1,6	4,0	4,7	1,3

Tabelle 8 (Fortsetzung)

Land	Fettverbrauch je Person u. Tag			Anteil aus (in %)												
				Speisefetten			verborgenen Fetten									
	insg. g	pfl. %	tier. %	insg.	pfl.	tier.	Getreide	Kartoffeln	Legumi-nosen	Gemüse	Früchte	Fleisch	Eier	Fisch	Milch	Sonstige
Libanon	58,3	60,5	39,5	48,5	35,0	13,5	8,7	0,2	0,3	0,9	14,9	13,7	1,7	1,0	9,3	0,8
Türkei	59,0	64,4	35,6	51,2	37,6	13,6	10,5	0,2	1,2	1,4	13,1	12,5	1,2	0,8	7,5	0,4
Belize	59,1	16,9	83,1	50,1	4,1	46,0	3,7	0,8	0,5	0,2	6,6	21,2	1,4	1,0	13,5	1,0
Mal. Sabah	59 2	67,1	32,9	55,7	50,8	4,9	6,6	0,5	0,2	0,3	6,9	13,7	2,5	5,7	6,1	1,8
Venezuela	59,5	45,5	54,5	36,6	32,9	3,7	5,2	0,5	0,3	0,2	5,5	30,8	2,5	2,2	15,1	1,1
Trinidad	59,8	55,5	44,5	60,5	42,0	18,5	4,3	0,3	0,8	0,3	6,7	16,2	1,7	1,7	6,2	1,3
Mexiko	59,9	61,3	38,7	40,4	34,1	6,3	20,2	0,0	1,5	0,2	4,7	19,0	2,7	1,3	9,3	0,7
Gruppe III																
Réunion	60,1	34,3	65,7	39,6	24,0	15,6	5,7	0,2	1,2	0,2	1,2	36,6	1,8	5,3	6,3	1,9
Mauritius	60,9	71,8	28,2	74,5	60,8	13,7	4,3	0,0	0,7	0,2	4,4	5,6	0,8	3,1	4,8	1,6
Costa Rica	61,0	56,9	43,1	49,0	39,0	10,0	8,9	0,2	0,8	0,2	7,2	12,1	3,4	1,8	15,7	0,7
Panama	61,3	55,6	44,4	55,1	46,5	8,6	5,4	0,5	0,3	0,3	5,5	21,0	2,3	1,3	6,9	1,4
Chile	61,3	44,4	55,6	46,3	32,6	13,7	8,5	0,7	0,5	0,8	1,1	28,4	2,4	1,8	9,3	0,2
Sudan	61,5	60,8	34,1	46,3	40,2	6,1	12,4	0,3	0,3	0,2	12,2	13,5	0,3	0,2	14,3	0,0
Tunesien	61,7	75,9	24,1	65,3	59,5	5,8	7,9	0,0	0,8	1,0	6,0	9,2	1,0	1,1	7,1	0,6
Tonga	61,9	60,6	39,4	29,6	20,5	9,1	3,6	6,1	0,0	0,5	28,6	25,4	1,1	2,4	1,6	1,1
Martinique	62,2	43,7	56,3	38,6	30,2	8,4	4,7	0,6	0,5	1,0	5,1	31,7	0,6	4,0	11,3	1,9
Sao Tomé	62,5	87,2	12,8	15,1	9,8	5,3	6,9	1,0	0,8	0,3	68,3	4,8	0,5	1,3	0,8	0,3
Fidschi Inseln	62,9	55,3	44,7	37,3	21,9	15,4	3,7	2,4	0,6	0,3	25,6	12,1	1,1	9,9	6,0	0,9
Südafrika	63,3	48,2	51,8	34,0	27,0	7,0	17,2	0,2	0,2	0,3	2,7	27,2	1,9	2,8	13,0	0,5
Gambia	64,0	87,0	13,0	56,0	54,4	1,6	12,5	0,0	0,5	0,2	19,4	7,8	0,2	1,4	2,0	0,1
St. Lucia	64,2	55,6	44,4	51,9	46,4	5,5	2,6	0,8	0,0	0,0	4,0	25,9	1,4	3,4	8,3	1,7
Singapur	66,4	34,8	65,2	37,2	22,7	14,5	4,8	0,0	0,3	0,8	5,3	30,3	4,1	10,4	6,0	0,8
Grenada	66,9	59,3	40,7	38,9	29,2	9,7	2,7	0,4	0,4	0,3	24,2	16,7	1,8	5,2	7,3	2,1

Tabelle 8 (Fortsetzung)

Land	Fettverbrauch je Person u. Tag insg. g	pfl. %	tier. %	Anteil aus (in %) Speisefetten insg.	pfl.	tier.	verborgenen Fetten Getreide	Kartoffeln	Legumi-nosen	Gemüse	Früchte	Fleisch	Eier	Fisch	Milch	Sonstige
Macao	67,3	49,3	50,7	42,9	35,2	7,7	7,4	0,0	0,1	0,4	5,9	33,4	4,5	4,2	1,0	0,2
Antigua	67,8	44,7	55,3	53,1	35,3	17,8	3,2	0,1	0,1	0,1	3,1	17,3	1,2	3,4	15,6	2,8
Japan	71,7	51,0	49,0	44,4	36,3	8,1	5,0	0,1	0,1	1,0	7,5	17,3	6,1	11,9	5,4	1,2
Paraguay	73,3	50,6	49,4	35,9	32,6	3,3	9,3	1,8	1,0	0,3	5,7	38,7	2,0	0,0	5,3	0,0
Libyen	78,3	72,5	27,5	57,9	53,1	4,8	5,9	0,0	0,4	0,8	10,7	9,6	0,4	1,3	11,5	1,5
Fr. Polynesien	83,0	47,3	52,7	45,3	29,9	15,4	4,6	0,8	0,2	0,4	10,7	21,4	1,0	8,2	6,6	0,8
Mongolei	83,4	8,6	91,4	20,4	1,9	18,5	6,4	0,0	0,0	0,1	0,1	62,9	0,1	0,0	10,0	0,0
Nied. Antillen	84,4	31,8	68,2	43,6	25,1	18,5	2,7	0,2	0,1	0,2	1,2	36,5	0,8	2,7	9,6	2,3
Rumänien	85,4	37,7	62,3	36,8	26,9	9,9	6,9	0,2	0,2	0,7	2,0	33,1	3,0	1,1	15,2	0,8
Samoainseln	85,4	66,0	34,0	23,1	17,8	5,3	2,2	1,5	0,4	0,2	43,0	19,7	0,2	7,7	0,9	1,1
Hongkong	86,5	46,5	53,5	39,1	34,6	4,5	3,0	0,0	0,2	0,5	7,4	40,6	3,7	3,1	1,6	0,8
Neu-Kaledonien	88,7	48,9	51,1	38,9	26,5	12,4	6,1	0,5	0,1	0,6	13,5	27,8	1,2	0,5	9,2	1,6
Bahamas	91,7	18,0	82,0	38,4	7,0	31,4	5,9	0,1	0,1	0,2	1,1	36,3	0,4	1,9	12,0	3,6
Jugoslawien	97,0	39,0	61,0	54,3	28,6	25,7	6,4	0,2	0,3	0,5	2,2	19,2	2,2	0,8	13,1	0,8
Zypern	97,0	46,2	53,8	32,6	28,5	4,1	4,8	0,1	0,3	0,4	10,6	35,2	2,1	0,6	11,9	1,4
Gruppe IV																
Bulgarien	100,2	50,0	50,0	46,9	37,7	9,2	5,8	0,0	0,3	0,6	3,4	26,2	2,2	1,1	11,4	2,0
Neue Hebriden	100,2	47,9	52,1	22,9	15,1	7,8	3,9	0,0	0,0	0,3	26,5	30,0	0,6	10,6	3,0	1,6
Barbados	100,4	41,2	58,8	40,4	31,7	8,7	2,2	0,0	0,5	0,2	3,4	33,9	0,9	3,0	12,3	2,6
Malta	100,8	44,7	55,3	45,4	33,1	12,3	6,0	0,0	0,4	0,7	2,1	22,8	3,7	2,4	13,9	2,5
Portugal	105,9	53,4	46,6	54,9	44,1	10,8	4,2	0,0	0,3	0,8	3,4	24,8	1,0	2,5	7,4	0,4
Uruguay	106,3	24,7	75,3	27,7	19,2	8,5	3,7	0,0	0,1	0,2	1,0	50,2	1,0	0,1	15,4	0,3
UdSSR	106,6	28,9	71,1	37,3	19,7	17,6	5,2	0,0	0,2	0,5	2,3	28,0	2,9	2,7	19,9	0,7
Israel	109,8	62,6	37,4	50,8	48,7	2,1	3,6	0,0	0,3	0,5	7,6	15,8	5,2	1,1	13,2	1,8

Tabelle 8 (Fortsetzung)

Land	Fettverbrauch je Person und Tag			Speisefetten			Anteil aus (in %) verborgenen Fetten									
	insg. g	pfl. %	tier. %	insg.	pfl.	tier.	Getreide	Kartoffeln	Legumi-nosen	Gemüse	Früchte	Fleisch	Eier	Fisch	Milch	Sonstige
Polen	114,8	21,3	78,7	37,6	15,4	22,2	4,1	0,0	0,1	0,5	0,4	30,1	2,8	2,0	21,5	0,5
Argentinien	114,8	38,4	61,6	39,5	33,4	6,1	2,4	0,0	0,1	0,4	1,7	39,0	1,5	0,6	13,9	0,5
Griechenland	118,0	57,5	42,5	48,4	45,6	2,8	3,8	0,0	0,3	0,7	6,7	20,4	2,4	1,0	15,8	0,3
Australien	120,7	21,5	78,5	32,1	16,7	15,4	2,2	0,0	0,1	0,3	1,7	42,9	2,7	1,2	16,3	0,3
Spanien	121,6	52,9	47,1	45,8	41,5	4,3	2,4	0,0	0,4	0,7	7,4	27,1	3,0	2,1	10,8	0,1
Island	124,9	19,5	80,5	28,3	13,7	14,6	3,7	0,0	0,1	0,2	0,7	30,3	2,3	2,2	31,1	1,0
Italien	125,8	53,5	46,5	52,5	44,3	8,2	3,7	0,0	0,2	0,7	3,7	23,4	2,4	1,1	11,4	0,8
CSSR	127,5	24,2	75,8	40,3	17,1	23,2	3,1	0,0	0,0	0,3	2,2	36,0	3,1	0,7	12,7	1,4
Ungarn	133,8	15,8	84,2	54,0	8,3	45,7	3,4	0,0	0,0	0,4	1,9	26,6	3,1	0,2	8,4	1,9
Finnland	134,2	21,0	79,0	42,0	16,6	25,4	2,4	0,0	0,0	0,1	0,7	28,1	2,1	1,5	21,9	1,1
Schweden	135,9	33,8	66,2	39,1	28,7	10,4	2,1	0,0	0,0	0,1	1,6	31,9	2,4	2,7	18,8	1,2
Irland	138,6	15,6	84,4	34,6	9,6	25,0	2,6	0,0	0,1	0,2	0,7	38,2	2,5	0,4	18,3	2,2
Großbritannien	143,3	26,0	74,0	45,2	21,0	24,2	1,8	0,0	0,1	0,3	1,9	31,1	2,7	0,6	15,6	0,5
DDR	145,2	26,4	73,6	51,3	20,7	30,6	2,6	0,0	0,0	0,3	1,6	31,2	2,7	1,2	7,9	0,9
Frankreich	148,1	29,2	70,8	49,9	24,8	25,1	1,8	0,0	0,1	0,3	1,3	29,9	2,3	1,4	12,1	0,7
Norwegen	148,2	46,0	54,0	49,1	40,7	8,4	2,1	0,0	0,1	0,1	1,3	21,0	1,8	2,2	20,9	1,3
Schweiz	153,3	35,5	64,5	40,2	26,5	13,7	2,0	0,0	0,0	0,3	2,3	32,2	1,9	1,0	15,7	4,3
Niederlande	153,8	35,3	64,7	46,2	29,7	16,5	1,6	0,0	0,1	0,3	1,4	31,6	2,0	0,8	13,8	2,1
Dänemark	153,9	29,6	70,4	47,2	24,9	22,3	1,8	0,0	0,1	0,2	1,1	30,5	2,0	2,3	13,3	1,4
Kanada	154,1	18,9	81,1	40,5	12,5	28,0	1,8	0,0	0,1	0,3	3,4	37,0	2,3	0,8	13,0	0,7
Österreich	154,2	26,9	73,1	44,7	21,6	23,1	1,9	0,0	0,0	0,3	1,7	33,5	2,3	0,8	13,3	1,4
BR Deutschland	156,4	26,6	73,4	44,8	21,4	23,4	1,7	0,0	0,0	0,3	2,4	36,1	2,9	1,2	9,8	0,6
Neuseeland	158,6	12,1	87,9	35,9	7,1	28,8	1,6	0,0	0,1	0,3	1,1	38,8	2,8	0,7	16,9	1,6
USA	166,2	28,2	71,8	39,3	21,4	17,9	1,5	0,0	0,1	0,4	3,9	38,4	2,8	1,0	11,7	0,8
Belgien-Lux.	179,4	26,0	74,0	51,1	21,6	29,5	1,6	0,0	0,1	0,3	0,9	32,8	2,0	1,0	8,7	1,3

Quelle: Eigene Berechnungen nach Monthly Bull. agric. Econ. Statist. [FAO]

Die Anteile aus Fleisch sind am höchsten in Laos mit 41,2%, gefolgt von China mit 38,4%, Vietnam 37,7% und Madagaskar mit 35,4%. Die Fettmengen aus Eiern sind gering, aus Fischen in Malediven über 20% und in Nepal aus Milch ebenfalls über 20%.
In Gruppe II, mit einem Fettverbrauch zwischen 40 und 60 g je Kopf und Tag, sind ebenfalls nur Länder aus Afrika, Asien und Lateinamerika, neben einigen Inselgruppen im Pazifik, die zu Ozeanien zählen. Auch hier gilt das für die Gruppe I gesagte, wenngleich mit Einschränkungen, daß der Anteil pflanzlicher Herkunft in den meisten Fällen höher ist als der tierischer Herkunft. In Belize werden allerdings 83,1% aus tierischen Produkten entnommen. Umgekehrt sind es in Sierra Leone 92,6% pflanzlicher Herkunft.
Speisefette nehmen überall einen sehr hohen Anteil in Anspruch, in Malawi und Sri Lanka jedoch wie in Mauretanien weniger als 20%. In Malawi ist auch ein sehr geringer Anteil pflanzlicher Fette, der von Belize noch unterboten wird, während der Anteil an tierischen Fetten in Belize dementsprechend hoch ist.
Der Anteil aus Getreide läßt in dieser Gruppe deutlich nach. Der an Kartoffeln, Hülsenfrüchten und Gemüsen ist unbedeutend, während der aus Früchten in Sri Lanka über 60% liegt und auch im Zentral-Afrikanischen Empire annähernd 45% beträgt.
Die Fleisch-Fett-Lieferung ist einerseits gering mit nur 1,4% in Sri Lanka, andererseits aber in einigen Ländern über 30%. Nicht hoch ist die Zufuhr an Fett aus Eiern und Fisch, hingegen aus Milch in Mauretanien mit 37,8% sehr bemerkenswert.
In Gruppe III (60 bis 100 g je Kopf der Bevölkerung) werden mehrere Länder ausgewiesen, die mehr tierisches als pflanzliches Fett aufnehmen. Der Speisefettanteil liegt auch hier in einem weiten Bereich zwischen 15,0% in Sao Tomé und 74,5% in Mauritius. Die meisten Länder haben mehr Speisefette pflanzlicher Herkunft für ihre Bevölkerung und der Anteil aus Getreide ist stark rückläufig. Auch der aus Kartoffeln, Leguminosen, Gemüse, nicht jedoch der aus Früchten in Sao Tomé, wo der Anteil fast bei 70% und auf den Samoainseln über 40% liegt.
Verborgene Fette tierischer Herkunft entstammen in erster Linie Fleisch, allerdings können einige Länder, wie Mauritius mit 5,6%

und Sao Tomé mit 4,8%, nur geringe Anteile für sich verbuchen. Fett aus Eiern nimmt nur einen geringen Anteil in Anspruch, aus Fisch in Japan und in Singapur mehr als 10%. Mehrere Länder entnehmen über 10% ihres Fettes aus der Milch, so daß insgesamt eine unterschiedlichere Datenanalyse in dieser Gruppe zustande kommt.

In Gruppe IV sind die Länder mit dem höchsten Reinfettverbrauch vermerkt. Die Völker dieser Länder haben mehr als 100 g Reinfett je Person und Tag und mehr Fett tierischer Herkunft zur Verfügung. In dieser Gruppe sind Israel mit 62,6%, Griechenland 57,5%, Italien 53,5%, Portugal 53,4%, Spanien 52,9%, die mehr Fette pflanzlicher als tierischer Herkunft haben.

Bei den Speisefetten ist der Anteil aus pflanzlichen Produkten in der Mehrheit der Länder wesentlich höher. Dies trifft nicht zu für Polen, CSSR, Ungarn, Finnland, Irland, Großbritannien, DDR, Frankreich, Kanada, Österreich, der Bundesrepublik Deutschland, Neuseeland, Belgien-Luxemburg. Dort ist der Anteil der Speisefette tierischer Herkunft höher.

Noch geringer sind in dieser Gruppe die Anteile aus Getreide, Kartoffeln, Leguminosen und Gemüse. Nur ein Land ragt hervor mit einem höheren Anteil aus Früchten, die Neuen Hebriden mit 26,5%.

In allen dieser Länder sind die Anteile aus Fleisch wesentlich höher. Israel erreicht freilich nur 15,8%. Die Anteile aus Eiern sind überall gering. In den Neuen Hebriden stammen 10,6% aus Fisch, während die Reinfettmengen, die Milch und Milchprodukten entstammen, in einem Bereich zwischen 3% (Neue Hebriden) und 31% (Island) liegen.

Neben dem Gesamtfettverbrauch, der im Durchschnitt je Person und Tag in Ruanda nur 12 g beträgt, in vielen Ländern aber mehr als das davon 10fache erreicht, zeigt sich die unterschiedliche Fettverbrauchsprovenienz von Land zu Land. Vielfach erreicht die Summe der Reinfettmenge aus verborgenen Fetten mehr als 50%, vereinzelt sogar mehr als 80%. In Obervolta und Lesotho entstammen über 50% des wenig verbrauchten Fettes Getreideerzeugnissen, in Thailand und Ceylon mehr als die Hälfte Leguminosen, in Uruguay und der Mongolei über 50% dem Fleisch, in

Island und Mauretanien mehr als 30% Milch- und Milchprodukten. Andererseits sind in Liberia, Sierra Leone und Mauritius über 70% des Fettes eigentliche Speisefette und Öle.
In Tabelle 9 wird die Versorgungsstruktur der Weltfettwirtschaft wiedergegeben. Westeuropa ist an der Erdbevölkerung mit 10%, an der Fettproduktion mit 13%, an den Weltfettexporten mit 8%, jedoch an den Weltfettimporten mit 56% beteiligt. Die Fettversorgungszahlen für die übrigen Regionen sind davon stark abweichend.
Von 31,25 Mrd. MJ (rund 7,5 Billionen Kalorien), die jährlich von der Erdbevölkerung verbraucht werden, entfallen etwa 10% auf Nahrungsfette. In den Industrieländern Westeuropas und Nordamerikas ist der Anteil mit 20—30% am höchsten. Mit dem Verbrauch an sogenannten verborgenen Fetten ergibt sich ein Fettanteil am Energiegehalt nach dem Lebensmittelverbrauch von 22% im Weltdurchschnitt, aber von rund 40% in hochentwickelten Industrieländern.
Die Welternte an Ölsaaten wird im Wirtschaftsjahr 1977/78 nach dem derzeitigen Stand in den wichtigsten Produktionsländern um mindestens 1,5 Mill. t höher ausfallen als im Vorjahr. Damit würde eine Rekordernte von 135 bis 140 Mill. t erreicht werden.

Das insgesamt zur Verfügung stehende Angebot nimmt allerdings nicht im gleichen Umfang zu, da die Bestände zu Beginn dieses Wirtschaftsjahres, vor allem an Sojabohnen in den USA und an Raps in Kanada, etwa 5—6 Mill. t kleiner sind als 1976. Die größere Ernte an Ölsaaten ist vor allem auf die Zunahme an Sojabohnen in den USA zurückzuführen. Auch bei Raps, Baumwoll-, Sonnenblumen- und Leinsaat ist weltweit ein größeres Angebot vorhanden. Geringer als im abgelaufenen Jahr ist die Produktion von Kopra und Palmkernen.
In den Urwäldern Brasiliens gibt es unzählige Babassu-Palmen, aus deren Kernen ein hochwertiges Speisefett gewonnen werden kann. Es ist qualitativ empfehlenswerten pflanzlichen Fetten ähnlich, die zur Herstellung von Margarine und Shortenings verwendet werden. Einer Fettversorgung durch Babassu-Öl stehen allerdings ungünstige Klima- und Transportbedingungen entgegen.

Die Babassu-Bestände (2000 kg/ha Öl) könnten eine Jahresmenge von über 250 Mill. t Öl liefern, wie Schätzungen aus Lateinamerika besagen.

Tabelle 9 *Anteil einzelner Regionen an der Weltfettversorgung (in %)*

Region	Bevölkerung	Produktion	Export in Reinfett	Import in Reinfett
Amerika	13	34	44	13
davon USA	6	24	32	5
Europa (einschl. UdSSR)	21	30	12	62
davon Westeuropa	10	13	8	56
Osteuropa	11	17	4	6
Asien	56	25	19	19
Afrika	9	9	19	5
Australien und Ozeanien	1	2	6	1
Erde insgesamt	100 = 3,4 Mrd.	100 = 38 Mill. t	100 = 9,8 Mill. t	100 = 9,5 Mill. t

Berechnungen MPI-ERN

4. Beurteilung der Versorgungssituation

Um dem Energie- und Proteinbedarf der Erdbevölkerung annähernd zu entsprechen, ist sowohl die Lebensmittelproduktion insgesamt und damit die an Brennwerten als auch die an Protein zu steigern.

Nach Angaben der FAO (1975) standen in den Entwicklungsländern 1974 je Kopf der Bevölkerung durchschnittlich 2194 kcal je Tag zur Verfügung. In den Industrieländern betrug die verfügbare Energiemenge durchschnittlich 3334 kcal. Die tägliche Proteinmenge erreichte in den Entwicklungsländern 1974 durchschnittlich 54 g gegenüber 95 g in den entwickelten Ländern. Bei Fett waren es 37 g pro Kopf und Tag. Von der gesamten Nahrungsmenge entfielen in den Entwicklungsländern nur 8% auf tierische Produkte, im Vergleich zu 34% in den entwickelten Ländern. Der Proteinverbrauch wurde in den Entwicklungsländern zu 21%, in den Industriestaaten aber zu 59% aus der tierischen Erzeugung gedeckt. Die tierischen Fette hatten einen Anteil von einem Drittel bzw. in den Industrieländern von zwei Dritteln am gesamten Fettverbrauch.

Durch eine permanent unzureichende Nährstoffzufuhr oder als Folge kurzfristiger Unterversorgung mit Energie und/oder essentiellen Nährstoffen ergeben sich bereits verminderte Leistungsfähigkeit bzw. eine verstärkte Anfälligkeit gegen Krankheiten. Engpässe in der Nährstoffversorgung, unter denen zahlreiche Menschen leiden, haben trotz geographischer Differenzierung in Asien, Afrika und Lateinamerika nahezu überall den gleichen Charakter. Sie sind geprägt durch die Kombination einer zu geringen Aufnahme an biologisch hochwertigem Protein mit einer bedarfsinadäquaten Energiezufuhr. Sehr verbreitet ist, wie auch Sukhatme (1966) nachgewiesen hat, bei einer ausreichenden Proteinzufuhr eine unzureichende Energieversorgung. Vielfach sind die in diesen Regionen lebenden Menschen infolge ungenügender finanzieller Mittel nicht in der Lage, angebotene tierische Veredlungsgüter zu erwerben, wenngleich die FAO z. B. eine anhaltende Überproduktion an Milcherzeugnissen in der Welt erwartet. Die meist ohnehin kärgliche, nicht zur quantitativen Sättigung ausreichende Ernährungsgrundlage der vorwiegend aus Stärke bestehenden Stapelprodukte sind Mais, Reis, Bataten, Cassava, Yams, Hirse, Süßkartoffeln, Weizen und gewisse Leguminosen.

Solche preisgünstigen „starchy foods" sind als ausschließliche Lebensmittel ungeeignet. Sie sind zwar reich an Kohlenhydraten, enthalten aber fast alle zuwenig lebenswichtige Aminosäuren, Mineralstoffe, Vitamine und oft einen zu geringen Fettgehalt. Die Relation von Protein- zu Kohlenhydratkalorien ist ungünstig.

Bereits im frühen Kindesalter entwickeln sich bei einer solchen Ernährungsweise Störungen, die durch Mangel an wertvollem Protein, Vitaminen und Mineralien hervorgerufen werden. Sie verbinden sich in der Wachstumsphase mit einem Mangel an Energie zu einer ausgesprochenen Unterversorgung. Es finden sich alle Übergangsstufen zwischen absolutem Hunger bis zum vorwiegenden oder ausschließlichen Mangel an lebenswichtigen Aminosäuren. Die hauptsächlich zu erkennenden Folgeerscheinungen sind mannigfaltig. Wachstumsstillstand, frühkindliche Sterblichkeit, intestinale Störungen, Durchfälle, Augenerkrankungen, die sich bis zur Erblindung steigern können, Hautschäden sind weit verbreitet. Bei absolutem Hunger ergeben sich primär extreme Abmagerung mit Marasmus und direkter Todesfolge und bei Proteinmangel vor allem Kwashiorkor. Das in seiner Ätiologie und Erscheinungsform variable Krankheitsbild der „Protein calorie malnutrition" ist nicht nur Ursache der hohen Kindersterblichkeit und einer kurzen Lebensdauer der Bewohner von entwicklungsfähigen Ländern, sondern beeinträchtigt auch geistige Fähigkeiten. Nihilismus, Fatalismus und Indolenz führen zu Mangel an Initiative zur Selbsthilfe sowie zur Bereitschaft für eine wirtschaftliche Aufbauarbeit. Diese Gleichgültigkeit setzt vielfach einen bedrohlichen circulus vitiosus in Gang, der die Menschen immer tiefer in ökonomische Stagnation und Hunger hineinführt (Abb. 2).

Abb. 2 *Unterernährung und „Teufelskreis der Armut"*

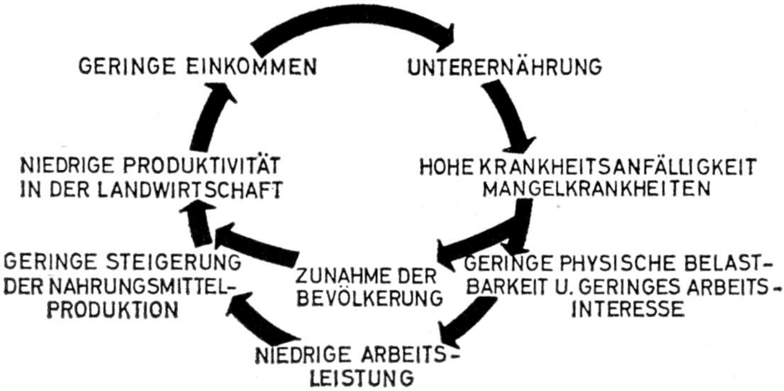

GERINGE EINKOMMEN
UNTERERNÄHRUNG
HOHE KRANKHEITSANFÄLLIGKEIT MANGELKRANKHEITEN
GERINGE PHYSISCHE BELASTBARKEIT U. GERINGES ARBEITSINTERESSE
NIEDRIGE ARBEITSLEISTUNG
GERINGE STEIGERUNG DER NAHRUNGSMITTELPRODUKTION
NIEDRIGE PRODUKTIVITÄT IN DER LANDWIRTSCHAFT
ZUNAHME DER BEVÖLKERUNG

(Nach: Institut für Entwicklungspolitik, Freiburg)

4.1 Bedarfsentwicklung

Die FAO ließ aufgrund demographischer Prognosen Schätzungen des zukünftigen Bedarfs an wichtigen Nährstoffen und an Brennwerten ausarbeiten. Dabei ist für Populationen in Entwicklungsländern zunächst eine Anhebung der Tagesration auf ein ernährungsphysiologisch vertretbares Minimum vorgesehen. Der Proteinbedarf der Erdbevölkerung wird um 1980, wenn man davon ausgeht, daß je Person und Tag 25 g Protein tierischer Herkunft zur Verfügung stehen sollen, fast 50 Mill. t je Jahr betragen. Davon würden die Bewohner von entwicklungsfähigen Ländern annähernd 25 Mill. t beanspruchen.

Es ist vorauszusehen, daß sich die Verzehrsansprüche der Bevölkerung in angemessener Relation zur Höhe der Zuwachsrate des Realeinkommens steigern werden. Das betrifft auch die Situation der Menschen in entwicklungsfähigen Ländern, wenngleich nach FAO-Unterlagen der Elastizitätskoeffizient für die Nachfrage nach Lebensmitteln tierischer Herkunft nur 0,58 beträgt. In den entwickelten Ländern beträgt er 0,24. Die Nachfrage an Protein animalischer Herkunft, ungeachtet traditioneller und landsmannschaftlicher Konsumgewohnheiten, wird für Entwicklungsländer mit 0,56, für entwickelte Länder nur mit 0,28 angegeben. Das Problem der Bereitstellung der begehrten Mengen trifft sich von der gleichzeitigen qualitativen und quantitativen Steigerung des Lebensmittelverbrauchs.

Abb. 3 in UTB 664 versucht das in bezug auf den Energiebedarf zu veranschaulichen. Die Produktion an tierischen Veredlungsgütern ist im Durchschnitt mit einem Verlust von etwa 80% der primär für deren Erzeugung aufgewendeten Kalorien verbunden. Eine qualitativ auf unterer Ebene rangierende Nahrungszufuhr erfordert bei einer quantitativen Verbesserung der Nahrungszufuhr je Kopf und Tag von 8,37 auf 9,21 MJ (2000 auf 2200 kcal) bei gleichbleibendem Anteil von 10% Produkten animalischer Provenienz — bereits eine Steigerung der benötigten Primärkalorien von 2800 auf 3080 kcal. Bei einer gleichzeitigen qualitativen Steigerung auf 20% der aufzunehmenden Energie animalischer Herkunft — wiederum von 2000 auf 2200 kcal bezogen — werden aber schon 3960 Primärkalorien für die Erzeugung dieses Lebensmittel-Warenkorbes benötigt. Daraus resultiert eine Erhöhung gegenüber den in diesem Beispiel ursprünglich zu erzeugenden Primärkalorien von 41%.

Die unterschiedliche Entwicklung des Energie- und Proteinverbrauchs in einzelnen Ländern in den Jahren 1968 und 1974 ist den Abb. 3, 4 und 5 zu entnehmen. Die Länder sind nach steigendem Proteinverbrauch geordnet. Die über bzw. unter der Abszisse genannten Zahlen gelten jeweils für ein Land (siehe Legende). Die Entwicklung verläuft unterschiedlich. Es gibt Länder, deren Bevölkerung im Durchschnitt eine im Vergleich zum erstgenannten Jahr stark erhöhte Energiezufuhr hat (Gabun, Jordanien, Argentinien); sowie solche mit geringerer (Indonesien, Guatemala, Libanon); dargestellt in Abb. 3. Im gleichen Zeitraum hatten Gabun, Argentinien und Australien einen wesentlich höheren, Malaysia, Chile und die Türkei aber einen auffallend ungünstigeren Proteinverbrauch (Abb. 4). Erheblich günstiger wurde die Situation in diesem Zeitraum bei der Versorgung mit Protein animalischer Herkunft in Gabun, Somalia, Surinam; ungünstiger allerdings in Ghana, Korea, Mexiko (Abb. 5).

Bei einer optimalen Ausnutzung der anbaufähigen Gebiete der Erde und aller sonstigen konventionellen Möglichkeiten der Lebensmittelproduktion können nach Schätzungen von CLARK

Abb. 3 *Energieverbrauch ausgewählter Länder in zeitlicher Entwicklung*

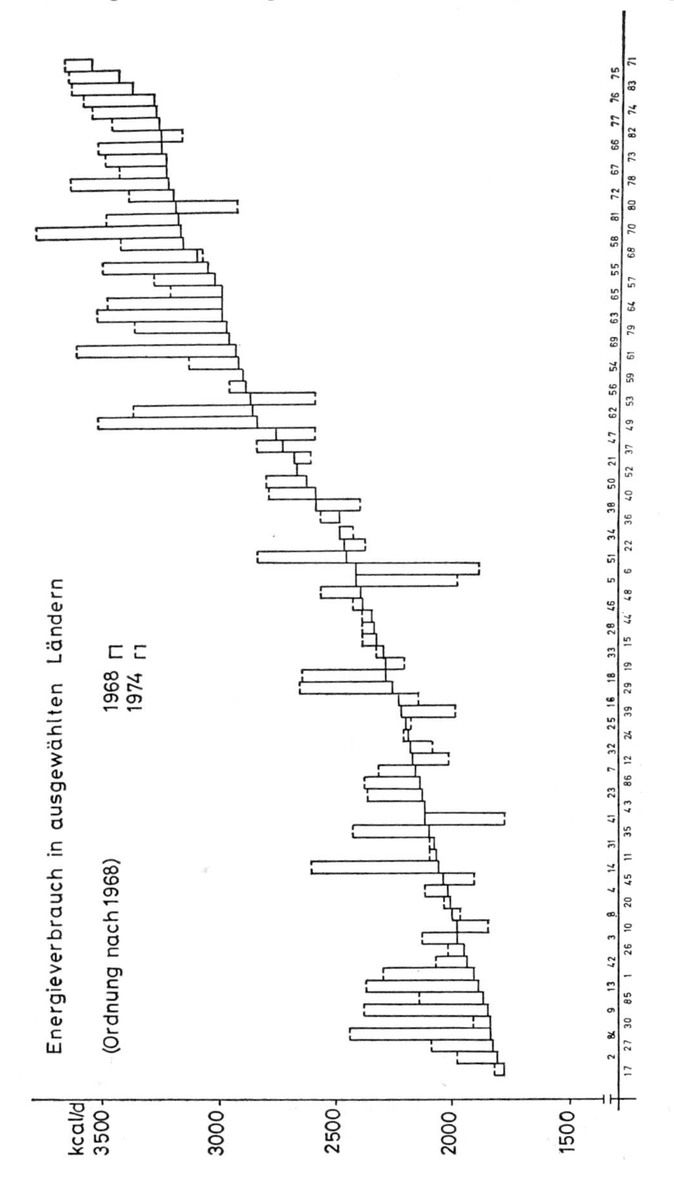

Abb. 4 *Proteinverbrauch ausgewählter Länder in zeitlicher Entwicklung*

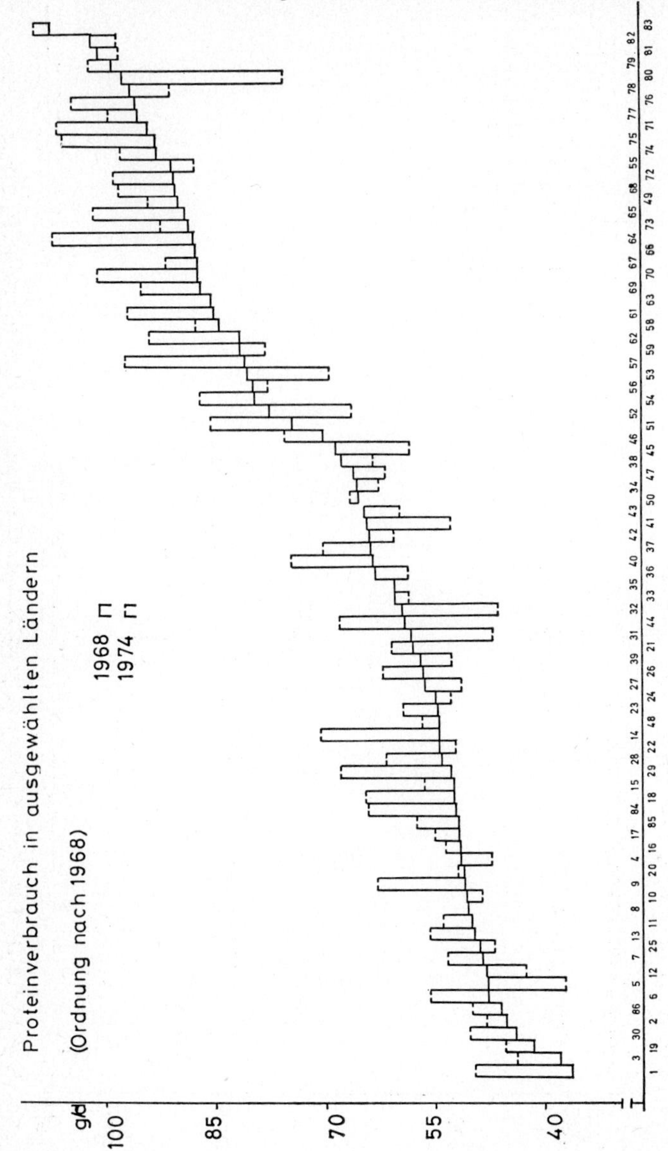

Abb. 5 *Proteinverbrauch (tier.) ausgewählter Länder in zeitlicher Entwicklung*

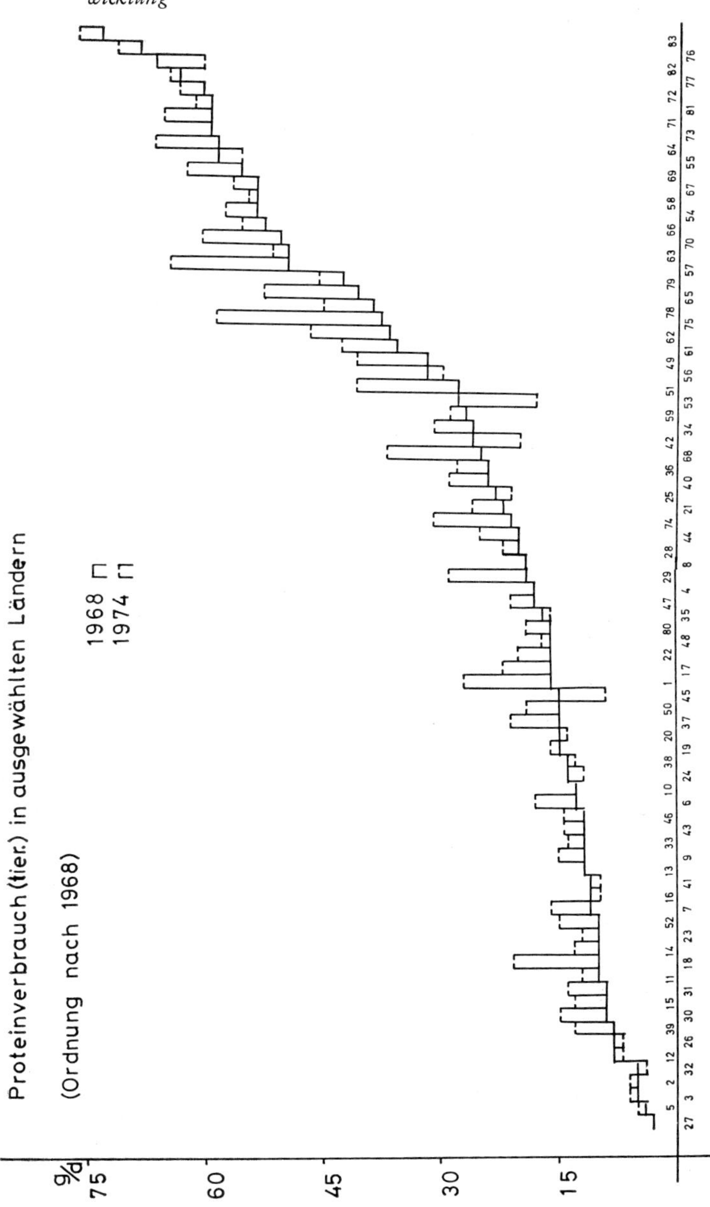

Legende zu den Abbildungen 3—5

Energie- und Proteinverbrauch in ausgewählten Ländern

1 Gabun
2 Indien
3 Indonesien
4 Ekuador
5 Mozambique
6 Mauritius
7 Ghana
8 Philippinen
9 Saudi-Arabien
10 Bolivien
11 Uganda
12 Sri Lanka
13 Iran
14 Marokko
15 Madagaskar
16 Pakistan
17 Somalia
18 Elfenbeinküste
19 Dominik. Republik
20 Honduras
21 Costa Rica
22 Surinam
23 Kamerun
24 Jordanien
25 Kolumbien
26 Afghanistan
27 Ruanda
28 Peru
29 Jamaika
30 El Salvador
31 Tanzania
32 Nigeria
33 Gambia
34 Venezuela
35 Irak
36 Panama
37 Libyen
38 China
39 Guatemala
40 Paraguay
41 Mali
42 Sudan
43 Kenia
44 Nicaragua
45 Äthiopien
46 Korea Rep.
47 Brasilien
48 Malaysia
49 Portugal
50 Mexiko
51 Japan
52 Syrien
53 Libanon
54 Schweden
55 BR Deutschland
56 Südafrika
57 Norwegen
58 Niederlande
59 Chile
61 Italien
62 Spanien
63 Österreich
64 Argentinien
65 Israel
66 Schweiz
67 Großbritannien
68 Rumänien
69 Finnland
70 Belgien/Luxemburg
71 Irland
72 Australien
73 Dänemark
74 Jugoslawien
75 Polen
76 USA
77 Kanada
78 Ungarn
79 Griechenland
80 Türkei
81 Frankreich
82 Uruguay
83 Neuseeland
84 Tunesien
85 Algerien
86 Thailand

and HASWEL (1964) rund 10 Milliarden Menschen ausreichend ernährt werden. GATELLIER (1964) sowie CHAMPAGNAT et al (1963) und CHAMPAGNAT (1967) zeigen Wege einer Vergrößerung der Proteingewinnung ohne die Notwendigkeit einer Erweiterung der landwirtschaftlichen Anbauflächen auf. Nach CUTTING (1961) ist eine erhebliche Steigerung der Fischerträge auf längere Sicht möglich (s. auch Ausführungen in Kap. 8. und 9.).

Solche Maßnahmen erfordern ein erhebliches Maß an Investitionen sowie an Leistungen seitens aller Länder. Sofortmaßnahmen zur Verbesserung der Ernährung sollten, wie CREMER (1969) an überzeugenden Beispielen nachweist, in verschiedenen Richtungen eingeleitet bzw. fortgeführt werden.

Es ist weiterhin aufschlußreich festzustellen, wie sich gegenüber dem Nahrungsverbrauch die Nahrungsversorgung auf der Erde insgesamt und in einzelnen Regionen verhält. Zunächst sollen methodische Schwierigkeiten erwähnt werden, die für die Beurteilung von Bedeutung sind. Organisationen, wie FAO oder WHO, sind bei Erhebungen stets auf die Art der Ermittlung in einzelnen Ländern, Provinzen, Grafschaften, Départements, Landkreisen, Gemeinden angewiesen. Daraus kann gefolgert werden, daß die Erhebungsmethode zur Feststellung derartiger Zahlen keineswegs einheitlich ist. Die qualitative Erfassung des Nahrungsverbrauchs ist aber nicht der einzige kritische Punkt, sondern die weitere Auswertung der Lebensmittel nach Nährstoffen. Bereits bei einem Produkt können infolge seiner Nährstoffzusammensetzung sehr große Unterschiede auftreten, die bei der Nährstoffbilanz einer Population von Gewicht sind. Das Ergebnis ist um so nützlicher, je weiter die einzelnen Produkte nach Bezeichnungen, die auf ihren Nährstoffgehalt schließen lassen, aufgegliedert werden. Die alleinige Bezeichnung „Fleisch", selbst „Rindfleisch" oder „Schweinefleisch", läßt verschiedenartige Auslegungen in der ernährungsphysiologischen Auswertung offen (Rindfleisch, sehr mager, - mager, - mittelfett, - fett; ebenso Schweinefleisch, sehr mager, - mager, - mittelfett, - fett, - sehr fett).
Infolge der verschiedenen Rasse und Provenienz einzelner Tiere, ist das für den menschlichen Verzehr veredelte Lebensmittel „Fleisch" quantitativ und qualitativ unterschiedlich zu bewerten. Indische Rinder können weder mit ihrem Fleisch- noch mit ihrem Fettanteil mit irischen, holländischen oder dänischen Rindern konkurrieren. Ausgesprochene Masttypen sind neben Zweinutzungsrassen (Fleisch und Milch) und Milchviehrassen, wie in Australien und Neuseeland, zu unterscheiden. Ähnliches ist von einzelnen Rassen anderer Nutztiere zu sagen.
Mahnungen einzelner Personen, die sich mit der gesamten Problematik befassen, zielen darauf ab, daß das jetzige in einzelnen Populationen verbreitete Hungerstadium die gesamte Menschheit betreffen soll. Allein die oftmalige Verwendung des Begriffes *Hunger* ist zweideutig. Der Begriff Hunger ist in seiner Aussagerichtung so flexibel, daß er sich in dieser allgemeinen Form nicht

zur Beschreibung einer globalen Ernährungssituation eignet. Hunger wird zur Bezeichnung sowohl eines permanenten als auch eines vorübergehenden und sehr kurzfristigen Zustandes verwendet. Jeder Mensch hat irgendwann, für Minuten oder über Stunden, Hunger. Nicht wenige leiden auch bewußt oder vorsätzlich Hunger über befristete Perioden. Diese Menschen zählen deshalb aber nicht zu den Hungernden auf der Welt. Hunger *kann* also, er *muß* aber nicht Ausdruck eines Nährstoffmangels sein. Mit Hunger läßt sich ein Zustand einer allgemein zu geringen Nahrungsversorgung bezeichnen, andererseits — zwar unspezifisch — der Mangel an einem Nährstoff charakterisieren. Im Endstadium von Unterernährung wird meist Anorexie beobachtet, so daß der Hungernde häufig kein Hungergefühl als solches empfindet. Anstelle des vieldeutigen subjektiven oder wenig objektivierbaren Ausdrucks Hunger ist es korrekter, von unzureichender Nährstoffzufuhr zu sprechen.

In Entwicklungsländern, wo zwischen 40 und 80% der Bevölkerung in der Landwirtschaft tätig sind und das Schwergewicht noch auf der Selbstversorgung liegt, hängt der Ernährungszustand der Bevölkerung weitgehend von den lokalen Produktionsverhältnissen ab. Die Grundlebensmittel sind in fast allen Kostformen der Erde — von wenigen Ausnahmen abgesehen, wie den Eskimos oder den Massais, wo tierisches Protein im Vordergrund steht — Kohlenhydratträger. Diese bestimmen, wie anhand der Ernährungsverhältnisse von Völkern in Afrika noch näher dargelegt werden wird, in weitgehendem Maße die Versorgung mit Protein, Mineralstoffen und Vitaminen. Die Art der in den einzelnen Regionen verfügbaren kohlenhydratreichen Grundlebensmittel hängt von Klima und Vegetation ab.

Eine Steigerung der Flächenerträge bedeutet häufig eine ungünstige ernährungsphysiologische Entwicklung. Im Bestreben, die Erträge je Flächeneinheit zu erhöhen, kann es in der Sicht der Nährwertbereitstellung zu unerwünschten Entwicklungen kommen, wenn nicht der zu erzielende Nährwert, sondern der finanzielle Erfolg im Vordergrund steht. Dies kann ein Beispiel von der Landnutzung in El Salvador zeigen. Dort wichtige Produkte sind Cerealien, Bohnen, Zucker und Baumwolle. Der Anbau von Baum-

wolle und Zuckerrohr ist wirtschaftlich lohnender. Dafür wurden lange Zeit der bessere Boden, die intensivere Bodenbearbeitung und höhere Düngung verwendet. Die Produktion an Cerealien und Leguminosen ging zurück, zugleich die an essentiellen Nährstoffen und deren Versorgungszahlen für die Bevölkerung.
Die weitaus meiste Bevölkerung in Ländern mit niedrigem Lebensstandard ist darauf angewiesen, fast ausschließlich die lokal verfügbaren Kohlenhydratträger zu verzehren. Wegen dieser Monotonie in der Nährstoffzufuhr sind Ausgleichsmöglichkeiten für eine qualitative Verbesserung nur unzureichend gegeben. Die Kohlenhydrate entstammen Cerealien, stärkehaltigen Knollen, Wurzeln sowie Zucker. Die wichtigsten Grundnahrungsmittel dieser Art in den einzelnen Regionen sind:

Ferner Osten:	Reis, Weizen, Mais, Hirse, Maniok
Naher Osten:	Weizen, Hirse, Mais, Gerste
Nordafrika:	Weizen, Gerste
Zentralafrika:	Hirse, Mais, Cassava, Yams
Ostafrika:	Mais, Cassava
Lateinamerika:	Mais, Weizen, Reis, Maniok.

Der Konsum an stärkehaltigen Knollen ist in West- und Zentralafrika aufgrund des Verzehrs an Cassava und Yams am höchsten. Der Zuckerkonsum ist in Lateinamerika, einigen Gebieten in Ozeanien und in Nordafrika überdurchschnittlich hoch. Die Bevölkerung des Fernen Ostens hat den geringsten Zucker-, aber höchsten Reiskonsum.

4.2 Änderung der Nahrungszusammensetzung bei steigendem Lebensstandard

Änderungen in der Nahrungszusammensetzung erfolgen für größere Bevölkerungsanteile nur in längeren Zeiträumen. Die Verzehrsgewohnheiten sind unterschiedlich von Gegend zu Gegend sowie von Haushalt zu Haushalt. Dennoch sind bestimmte Entwicklungstendenzen bei steigendem Lebensstandard typisch. Eine dieser Tendenzen ist der Rückgang im Verbrauch an Cerealien, Wurzel- und Knollengewächsen in den zivilisierten Ländern. Dieser Rückgang geht parallel mit einem höheren Konsum an

Fleisch, anderen Produkten tierischer Herkunft, Fett und Zucker. Von einem Brennwertverbrauch um 2000 kcal/d mit einem Anteil von 10—15% tierischen Ursprungs verändert sich die Versorgungshöhe und erreicht im Durchschnitt 2500 kcal/d mit 25—35% tierischen Veredlungsgütern.

In Ländern mit steigendem wirtschaftlichen Wohlstand nimmt der Anteil an Energie aus Fett in der Kost von ursprünglich 10% bis zu über 40% zu. Die beiden Grundnährstoffe, die sich hierbei in erster Linie gegenseitig ersetzen, sind Fett und Kohlenhydrate, während der Anteil an Energie aus Protein mit etwa 12% selbst in langfristiger Entwicklung nur geringe Änderungen aufweist.

Innerhalb einzelner Länder zeichnen sich beachtliche quantitative Unterschiede ab, die in erster Linie von der Höhe des Einkommens abhängen. Nach Angaben des Ernährungswissenschaftlichen Instituts in Tunis betrug in ländlichen Gebieten von Tunesien in der Zeit von 1965—1968 die tägliche Brennwertzufuhr 1780 kcal/d bei Personen mit einem jährlichen Gesamtausgaben-Budget von weniger als 20 Dinar. Personen mit mehr als 150 Dinar jährlich hatten demgegenüber eine Zufuhr von 3200 kcal/d. Ähnliche Gegensätze lassen sich für Brasilien nachweisen. Familien mit weniger als 100 Cruzeiros jährlich hatten nur 1240 kcal/d je Person, solche mit mehr als 1200 Cruzeiros aber 4100 kcal/d.

In mehreren Ländern stieg gleichlaufend mit dem Rückgang im Konsum an Cerealien der Zuckerkonsum. In einigen entwicklungsfähigen Ländern ist ebenfalls bei steigendem Lebensstandard der Anteil an Zucker in der täglichen Nahrung höher geworden. In vielen Ländern mit ohnehin hohem Kohlenhydrat- und niedrigem Proteinverbrauch sowie einer oft nur Minimalmengen erreichenden Mineralstoff- und Vitaminversorgung wird durch erhöhten Verzehr von Zucker, der reiner Kohlenhydrat- bzw. Energieträger ist, die ausreichende Versorgung zahlreicher Menschen mit essentiellen Nährstoffen gefährdet.

4.3 Änderung der Nahrungszusammensetzung und mögliche Folgen

Die Bevölkerung in entwicklungsfähigen Ländern blieb — wie mehreren Quellen zu entnehmen ist — trotz kohlenhydratreicher

Nahrung weitgehend von der Zahnkaries verschont. Der Grund hierfür mag darin liegen, daß die stärkereiche Nahrung der Menschen in diesen Ländern weniger leicht fermentierbare Kohlenhydrate enthält. Gleichzeitig ist die tägliche Mahlzeitenfrequenz geringer. Zuweilen besteht sie nur aus einer regulären Mahlzeit, vielfach ohne Zwischenmahlzeiten. Mit steigendem Lebensstandard und höherem Einkommen gleichen sich einzelne Bevölkerungsschichten in den Entwicklungsländern den Ernährungsgewohnheiten der Westeuropäer und Nordamerikaner an. Dies führt zu mehr Zwischenmahlzeiten und vor allem zu vermehrtem und häufigerem Verzehr niedermolekularer Kohlenhydrate. Damit erhöht sich das Risiko für Kariesbefall. Erhebungen über Kariesbefall in den Küstenstädten von Ghana haben bereits bei 60% der Untersuchten aus wohlhabenderen Schichten Karies ausgewiesen.

Da in hochindustrialisierten Ländern Probleme der Nahrungsverknappung nicht bestehen, ergibt sich aus mehreren Studien, daß die Ernährungsprobleme in Entwicklungsländern mit der Wirtschaftslage des Landes bzw. seiner Bewohner eng gekoppelt sind. Die Hebung des Einkommens wird für eine Verbesserung der Ernährungslage als voraussetzend angesehen. Eine Erhöhung des familiären Einkommens führt oft zu einer verbesserten Nährstoffversorgung. Selbst wenn eine Steigerung der Nährstoffzufuhr erfolgt, ist diese freilich häufig mit einer langen Latenzzeit, die der Gesundheit und Leistungsfähigkeit der Bevölkerung nicht dienlich ist, verbunden.

Gesteigerte Industrialisierung und erhöhtes Einkommen aus dem Verkauf landwirtschaftlicher Produkte führen zu einer Erhöhung der Kaufkraft. Damit ist nicht prinzipiell ein qualitativ besseres Nahrungsangebot verbunden. Ausreichende lokale Produktion sowie Handels- und Transportmöglichkeiten müssen ebenfalls gewährleistet sein. Ein Kausalzusammenhang zwischen der Hebung der industriellen und landwirtschaftlichen Produktion und einer besseren Ernährungslage besteht nicht. Es gibt keinen Fortschritt in der landwirtschaftlichen Technologie, solange die Landbevölkerung nicht lesen und schreiben und in technischer Hinsicht als ausgebildet beurteilt werden kann. In den entwicklungsfähigen

Ländern kann in der Landwirtschaft kein wirklicher Fortschritt erzielt werden, wenn nicht Forschungsstationen, Schulen und Beratungsdienste eingerichtet werden.

4.4 Interpretation von Daten über die Ernährungssituation der Erdbevölkerung

Bei statistischen Auswertungen werden Verbrauchszahlen oft unkorrekt beurteilt und daher falsche Rückschlüsse gezogen. Lokale Erhebungen und Untersuchungen in vielen Ländern, für ganze Völker oder ausgewählte Verbrauchergruppen durchgeführt, zeigen in ihren Endergebnissen zunächst nur Mittelwerte. Regelmäßig liegt ein Teil der in solchen Studien beschriebenen Haushalte oder Personen über, ein Teil unter den Mittelwerten. GALE (1948) hat in einer Untersuchung in 369 Haushalten in Burma einerseits Haushalte mit einem Energieverbrauch je Konsumenteneinheit von unter 1300 kcal/d (5440 kJ/d), andererseits solche mit über 4500 kcal/d (18 830 kJ/d) ermittelt. Die mittlere tägliche Energiezufuhr beträgt 2300 kcal (9625 kJ) in einer Zeit, in der die Versorgungssituation wesentlich ungünstiger war als in der Gegenwart. Tabelle 10 demonstriert Zahlen aus der genannten Untersuchung von GALE aus Burma und einer Zusammenstellung mehrerer Untersuchungsergebnisse von MITRA (1953) aus Indien. Dort wurden sowohl Haushalte unter 1000 kcal (4185 kJ) als auch Haushalte über 3500 kcal (14 645 kJ) je Kopf und Tag gefunden. Die Energiezufuhr betrug in insgesamt 12 500 einbezogenen indischen Haushalten im Durchschnitt je Kopf und Tag 2200 kcal (9205 kJ). Bei korrekter Interpretation der Werte ergibt sich, daß rund 50% der Bevölkerung in beiden Ländern eine bedarfsadäquate Brennwertzufuhr haben.

Berechnet man gemäß den vorliegenden Versorgungswerten der Bevölkerungszahlen aller Länder deren Zufuhren an Energie und Protein, so ergeben sich für die Erdbevölkerung folgende Anteile mit unzureichender Energie- bzw. Proteinzufuhr: Energie 18%, Protein (insgesamt) 12%, Protein (animalisch) 20%.

Tabelle 10 *Brennwertverbrauch in Burma und Indien*

Burma		Indien	
Brennwert kcal/Tag (je Person)	Zahl der Haushalte %	Brennwert kcal/Tag (je Person)	Zahl der Haushalte %
unter 1300	0,3	unter 1000	1,3
1300	5,2	1000	3,0
1700	20,3	1250	4,6
2100	29,4	1500	10,0
2500	23,9	1750	14,0
2900	10,4	2000	13,6
3300	5,7	2250	14,2
3700	3,3	2500	13,4
4100	1,0	2750	11,0
4500	0,5	3000	7,2
		3250	3,4
		über 3500	4,3

Quelle: Gale (1948), Mitra (1953)

Die von Sukhatme (1975) publizierten Zahlen sind wesentlich günstiger. Demnach besteht selbst in entwicklungsfähigen Ländern ein Defizit von nur 4% bei der Energieversorgung, während die Proteinversorgung um 93% überschritten wird.

Derartige Zahlen können sich nur auf die Menschen in den Ländern beziehen, von denen Konsumberechnungen vorliegen. Es dürfte gerechtfertigt sein, für die Populationen, von denen die FAO keine Angaben veröffentlicht, vergleichbare Versorgungsgrade anzunehmen. Nach der geographischen Lage dieser Länder zu urteilen, haben deren Bewohner zumeist ähnliche Verzehrsgewohnheiten.

Grundsätzlich kann nur eine *annähernde Aussage* über die *qualitative und quantitative Nährstoffversorgung der Erdbevölkerung* getroffen werden. Für die Beurteilung einer unzureichenden Versorgung empfiehlt sich ferner ein Unterschied zwischen den geringfügig unter der errechneten „Soll"-Schwelle liegenden Völkern und solchen, die eine krasse Unterversorgung aufweisen. Diese kann sich in allgemein verringerter Leistungsfähigkeit, nach dem Ernährungsstatus und in Form typischer endemischer Mangelkrankheiten dokumentieren. Dementsprechend ist es eher gerechtfertigt, als Maßstab der Versorgung 80% der empfehlenswerten Energie- und Nährstoffzufuhr zu applizieren. Diesen Versorgungsgrad kann man nicht für einen „Soll"-Wert von 9415 kJ/d (2250 kcal/d) als erreichbare Größe anwenden. Es ist eher angezeigt, die „Unterversorgungsschwelle" dynamisch, d. h., nach Höhe der mittleren Energiezufuhr einer Bevölkerung zu bemessen.

Zur weiteren Erläuterung ist anzumerken, daß Auswertungsergebnisse von *indirekten* und *direkten* Verbrauchserhebungen nicht vergleichbar sind. Nach den Ergebnissen vieler auf direktem Wege ausgeführten Studien aus Ländern, von denen Werte aus indirekten Erhebungen vorliegen, ist zu entnehmen, daß der über Ernährungsanamnesen festgestellte Verbrauch im arithmetischen Mittel geringer ist. Wie aus sog. Versorgungspyramiden zu entnehmen ist, kann sich die Zufuhr bei einzelnen Nährstoffen sowohl auf einen breiten Bereich erstrecken, als auch einen steilen Gipfel bilden. Deshalb ist auch die Form der Pyramide einer Gaußschen Verteilung wichtig für die Beurteilung. Bei der Darstellung der Versorgung mit Energie und Protein ergeben sich regelmäßig steile Pyramiden. Stets liegen mit Abstand die meisten Untersuchungs- bzw. Erhebungsfamilien oder -personen im Bereich zwischen 80 und 120% des Mittelwertes.
Gliedert man demzufolge die einzelnen Länder der Erde gruppenmäßig nach steigender Energiezufuhr, so kann bei Völkern mit einer durchschnittlichen Aufnahme je Person unter 8370 kJ/d (2000 kcal/d) mit einer Unterversorgung von 30 bis 40% gerechnet werden und für Völker mit 8370—9415 kJ/d (2000 bis 2250 kcal/d) zu 10—20%. Theoretisch errechnen sich gemäß der Energiezufuhr weitere Anteile:
9415 — 10 460 kJ/d (2250—2500 kcal/d) = 10%
über 10 460 kJ/d (2500 kcal/d) = 5%.

Bevölkerungen von Ländern mit einem durchschnittlichen Versorgungsniveau unter 9415 kJ (2250 kcal) kann man einerseits nicht vollständig als „unterversorgt" bezeichnen und andererseits die in gut versorgten Ländern unzureichend ernährten Menschen nicht unberücksichtigt lassen. Auf die gesamte Erdbevölkerung übertragen, ergäben sich demnach 450—500 Mill. energetisch Unterversorgte und zumindest die gleiche Anzahl Menschen mit zu geringer Zufuhr an biologisch hochwertigem Protein.

Aussagen über die Energieversorgung einer Bevölkerung sind bereits äußerst problematisch. Noch kritischer sind solche Daten in bezug auf Protein zu werten. Maßstab dafür ist die Höhe der Einschätzung des Proteinbedarfs. Eine experimentelle Bestimmung ist nur für das Protein-Bilanzminimum möglich. Das ist die geringste Menge an Nahrungsproteinen, mit der ein Ausgleich von Nahrungsverlust und Nahrungszufuhr in Form von Rohprotein erreicht werden kann. Üblicherweise befindet sich der Mensch nicht im Zustand des Bilanzausgleichs. Daher kann der effektive Proteinbedarf nur geschätzt werden.

Die solchen Schätzwerten zugrunde liegenden Daten sind nicht einheitlich. Die FAO/WHO-Expertengruppe (1965, 1973) stützt sich auf Bestimmungen der „endogenen"-N-Verluste (Harn, Kot, Hautabsonderungen) bei proteinfreier Nahrung. Der entstehende Wert wird für individuell bedingte Schwankungsmöglichkeiten um 15% erhöht. Hieraus errechnet sich ein Tagesbedarf im Durchschnitt von unter 40 g. Die verschiedenen Proteinquellen in einer gemischten Kost können sich gegenseitig in ihrer Wertigkeit ergänzen oder auch, wie Kofranyi (1972) festgestellt hat, in gewissen Fällen ungünstig beeinflussen. Solche Differenzen im persönlichen Bedarf veranlaßten die DGE (1975) auch, bei der Empfehlung zur Proteinzufuhr einen Zuschlag bis zu 20% vorzusehen. Somit ergibt sich für den Erwachsenen eine Proteinzufuhr von 55 bis 60 g/d. Diese Menge ist gut vergleichbar mit dem auf anderem Wege ermittelten Standard der USA vom Jahre 1969 (NRC 1974).

Mehrere global ausgerichtete Betrachtungen kommen zu dem Resultat, daß die Hälfte oder noch mehr der Erdbevölkerung als „unterernährt" zu beurteilen ist; so auch Ausarbeitungen von Sen (1963) und Virtanen (1961). Läßt man die hier dargelegten Berechnungen gelten, ist die effektive Mangelsituation geringer als häufig angenommen wird. Ein ähnliches Ergebnis errechnet Kracht (1975). Demnach können etwa 460 Mill. Menschen (16% der Erdbevölkerung) ihren Energiebedarf nicht decken. Zu einem vergleichbaren Wert (300 bis 500 Mill.) gelangt auch Sukhatme

(1975), der ehemalige Direktor der Statistischen Abteilung der FAO. Das Problem als solches und die Zahl der als „unterversorgt" im ernährungsphysiologischen Blickpunkt zu bezeichnenden ist für Abhilfemaßnahmen relevant und soll nicht unterschätzt werden. Viel wichtiger als diese Zahl ist eine Abstellung des Mangels in der Gegenwart und insbesondere in der bevölkerungsreicheren Zukunft.

In Nordwesteuropa und in Nordamerika besteht gegenwärtig oft die Tendenz, die landwirtschaftliche Erzeugung zu extensivieren. Keineswegs zu empfehlen ist dies in bezug auf die Produktion essentieller Nährstoffe. In einigen Ländern wird die Aufrechterhaltung des augenblicklichen Produktionsvolumens nur mit unökonomischen Mitteln erreicht. Staatliche Subventionen, Aspekte der Landesverteidigung, Gründe einer gesicherten inländischen Nahrungsversorgung, Erhaltung eines zahlenmäßig großen Bauernstandes aus innenpolitischen Gründen, Verhinderung klimatischer Auswüchse, Erhaltung der Bodenfruchtbarkeit, sind solche Argumente. Diese sind auf bestimmte Konstellationen angewiesen oder verdanken ihre Existenz parlamentarischen Machtgruppen. Es ist verständlich, wenn nicht jegliche Art der Erzeugung die Förderung erfährt, die zur künstlichen Ausweitung oder zur Erhaltung der gegenwärtigen Kapazität beiträgt. Um so mehr verdienen alle Voraussetzungen der ernährungsphysiologisch wünschenswerten Produktionsleistungen gefördert zu werden.

Angesichts des schnellen Wachstums der Weltbevölkerung wird von Clark (1964), in Übereinstimmung mit anderen Autoren, eine jährliche Steigerung der Lebensmittelerzeugung global von 3% für notwendig erachtet. Eine höhere Produktionsleistung in den entwicklungsfähigen Regionen ist freilich nur mit einem höheren Umsatz an Arbeitskalorien — also mehr Nahrung — zu bewerkstelligen. Hier tritt der circulus vitiosus als „Teufelskreis der Armut" in Erscheinung (Abb. 2).

Würde man der betreffenden Bevölkerung in den Regionen Afrika, Ferner Osten, Naher Osten und Lateinamerika, die Tagesration nur um 100 Arbeitskalorien (420 kJ) erhöhen, wären für die in diesen Regionen rund 2,5 Mrd. Menschen täglich 25 000 JN und jährlich annähernd 9 Mill. JN Nahrung zusätzlich erforderlich. Bei einer Aussage über den dadurch entstehenden Mehrbedarf an Lebensmitteln ist auf den Lebensmittel-Warenkorb der dort lebenden Menschen Rücksicht zu nehmen. Im Mittel errechnen sich demnach je 420 kJ (100 kcal) Energie folgende Nährstoffmengen

3,4 g	Protein	=	14% des Energiewertes
davon 0,5 g	Protein (tierisch)	=	2% des Energiewertes
1,6 g	Fett (Reinfett)	=	15% des Energiewertes
17,3 g	Kohlenhydrate	=	71% des Energiewertes.

In den meisten dieser Länder ist insbesondere die biologische Qualität des aufgenommenen Proteins äußerst unbefriedigend. Eine höhere Energieaufnahme hat darauf Rücksicht zu nehmen. Die Hälfte der durch Protein zuzuführenden Energie sollte deshalb animalischer Herkunft sein. Der Anteil der Fettkalorien kann zu Lasten der Kohlenhydratkalorien erhöht werden. Demnach ergäbe sich bei den je Tag vorgeschlagenen 100 Arbeitskalorien je Kopf der Bevölkerung folgende Änderung der Zusammensetzung:

3,4 g	Protein	=	14% des Energiewertes
davon 1,7 g	Protein (tierisch)	=	7% des Energiewertes
3,2 g	Fett (Reinfett)	=	30% des Energiewertes
13,7 g	Kohlenhydrate	=	56% des Energiewertes.

Insgesamt errechnen sich dadurch für die Bewohner der genannten Regionen jährlich zusätzlich

3,0 Mill. t	Protein, davon
1,5 Mill. t	Protein tierischer Herkunft
2,5 Mill. t	Fett
10,5 Mill. t	Kohlenhydrate.

Produktionstechnisch dürfte es möglich sein, diese Mengen zu erreichen. Schwieriger ist es, diese Nährstoffmengen für die Personen dort bereitzustellen, wo sie effektiv benötigt werden.

5. Tragfähigkeit der Erde

Das starke Bevölkerungswachstum hat häufig die Frage der *Tragfähigkeit* der Erde aufgeworfen. Mit der erweiterten Fragestellung ist der Begriffsinhalt der Tragfähigkeit auf verschiedene Sachverhalte angewendet worden. Unter Tragfähigkeit wird primär verstanden, für wieviel Menschen die gesamte Erdoberfläche — oder ein bestimmtes Territorium — Platz, Nahrung, Arbeit oder Wohnung bietet.
Die hierfür vorliegenden wissenschaftlichen Untersuchungen lassen sich in zwei Gruppen einteilen. Einmal behandeln sie die Bevölkerungskapazität der gesamten Erdoberfläche, zum anderen die Tragfähigkeit einzelner Länder oder geographischer Räume. Räumlich begrenzte Analysen erfolgten in allen Kontinenten.
Tragfähigkeitsuntersuchungen sind nicht nur auf gesamte Populationen, also die Einwohnerzahl, sondern auch im Hinblick auf einzelne Wirtschafts- und Berufsgruppen durchgeführt worden. Der Anteil der landwirtschaftlichen Bevölkerung war häufig ein wichtiges Indiz für die Beurteilung eines Raumes.

5.1 Globale Tragfähigkeitsuntersuchungen

Erste exakte Versuche zur Beantwortung der Frage der Tragfähigkeit der Erde sind im 18. Jahrhundert vorgenommen worden. BÜSCHING hat in seiner Erdbeschreibung erklärt, daß auf der Erde mindestens 3 Milliarden Menschen leben könnten. Da die erste Auflage seines Werkes aus dem Jahre 1754 stammt, als die Erdbevölkerung wesentlich geringer als 1 Milliarde war, ist dieser Arbeit ein unverkennbarer Weitblick nachzusagen (1800 erst 775 Mill. Menschen).
Von SÜSSMILCH erschien bereits 1742 eine Arbeit mit ähnlicher Prognose unter dem Titel „Die göttliche Ordnung in den Veränderun-

gen des menschlichen Geschlechts". Unter dem Eindruck des wirtschaftlichen Aufstiegs während des sog. Manchestertums sprach Friedrich LIST davon, daß die Erde bei vollkommener Ausnutzung der Naturkräfte eine 10-, ja vielleicht 100fache Zahl von Menschen ernähren könne.

Die ersten kritischeren Berechnungen der höchstmöglichen Menschenzahl auf der Erde sind offensichtlich unter dem Eindruck des in den letzten Jahrzehnten des 19. Jahrhunderts wiederbelebten Malthusianismus entstanden. Ein in England lebender Geograph, RAVENSTEIN, nannte 1890 in einem Vortrag vor der British Association for the Advancement of Science die „mögliche" Bevölkerung der Erde, die durch intensiven Anbau der fruchtbaren Gebiete zu ernähren sein würde, mit 5,995 Milliarden. Diese Zahl würde nach 182 Jahren, vom damaligen Zeitpunkt aus im Jahre 2072, erreicht werden.

Wenige Jahre später, 1898, beantwortete der deutsche Bevölkerungsstatistiker von FIRCK in seiner Bevölkerungslehre und Bevölkerungspolitik diese Frage weitaus optimistischer. Er bezeichnete die von ihm errechnete Zahl von 9,2 Milliarden, die später aus methodischen Gründen auf 8,1 Milliarden reduziert wurde, noch nicht als die äußerste Grenze der „auf der Erde erhaltbaren menschlichen Bevölkerung". Er schloß bereits daraus, daß die Gefahr einer Übervölkerung der Erde noch fern sei. Fragen der Nahrungsversorgung der Menschheit als erdumspannendes Problem wurden ferner systematisch von WOEIKOW 1901 aufgegriffen.

Das Bevölkerungsmaximum ist ein wissenschaftlicher Grenzwert, den man unter Berücksichtigung bestimmter Bezugsgrößen objektiv erfassen kann. Das Bevölkerungsoptimum ist dagegen eine aufgrund subjektiver Erwägungen in verschiedenen Zeiten wechselnde, aber doch stets von vornherein festgelegte Größe, die sich einer objektiven Bewertung entzieht.

Der Begriff „Tragfähigkeit" ist bisher nicht einheitlich angewandt worden. Damit hat man sowohl maximale als auch optimale Bevölkerungsverhältnisse bezeichnet. Optimale Bevölkerungsverhältnisse strebte EAST 1924 an, indem er der neomalthusianischen Geburtenbeschränkung das Wort redete. Die von ihm als Höchstwert gebrachte Zahl der Erdbevölkerung belief sich auf nur 5,2 Milliarden.

Ein anderer extremer Neomalthusianer, WALKER, dessen Gedankengänge bereits in das Problem der Weltgeburtenkontrolle gehören, wollte noch im Jahr 1948, daß die Menschenzahl auf nur 2 Milliarden begrenzt wird.

Eine sehr abwegige Zahl errechnete der australische Mathematiker KNIBBS. Mittels einer monströsen Rechnung führte er aus, daß das ertragfähige Land außerhalb der Polargürtel mit rund 130 Mill. km² 132 Milliarden Menschen ernähren könne.

Im Jahre 1905 errechnete der englische Nationalökonom MARSHALL, daß sich bei einem jährlichen Bevölkerungszuwachs von 3% die 1,5 Milliarden Menschen der letzten Jahrhundertwende in weiteren 174 Jahren auf 6 Milliarden vermehrt hätten. Hielte die Vermehrungstendenz der Erdbevölkerung unvermindert gleichbleibend bis zum Jahre 2400 an, kämen 400 Menschen je km² fruchtbaren Landes, d. h., ihre Gesamtzahl beliefe sich auf über 30 Milliarden. In einem solchen Fall müßte nach MARSHALL die Nahrung der Menschen hauptsächlich aus Pflanzenkost bestehen. Gewisse Ideologen und Reformisten, u. a. solche, die einen merkantilen Nutzen davon haben, setzen sich heute noch dafür ein.

Vor allem in den letzten 30 Jahren erleben wir aber in allen geographischen Regionen einen immer stärkeren Übergang von pflanzlicher zu animalischer Kost. Beim Brennwertgehalt scheint er sich auf einem Anteil von 35—45% einzupendeln. Der Übergang zeigt sich stärker in den Ländern, die auf hohem Lebensstandard stehen, deren Masseneinkommen sich steigerte oder auch in kulturell hochstehenden Ländern. Er ist geringer, aber ebenso unverkennbar, in entwicklungsfähigen Ländern. Dort ergibt sich insbesondere eine stärkerer Gegensatz zwischen den sozial schwächeren und den auf höherer sozio-ökonomischer Stufe stehenden Personen. Letztere haben einen Verbrauch an Protein tierischer Herkunft, der dem in Mitteleuropa nicht viel nachsteht (FAO 1976/77).

Nach Ansicht von OPPENHEIMER, könnten unter Zugrundelegung der modernen Technik im Landbau 15 Milliarden Menschen auf der Erde existieren. BALLOD vertrat 1912 den Standpunkt, die größte Menschenzahl auf der Erde sei bei einer rein pflanzlichen Ernährung, zugleich aber intensivster Bodenkultur unter gleichzeitigem Zurücktreten der Nutztierhaltung möglich. BALLOD differenzierte erstmals die maximale Bevölkerungsziffer der Erde nach unterschiedlichen Ansprüchen in der Lebenshaltung der verschiedenen Bevölkerungsgruppen. Dann ergäbe sich ein Maximalwert von 22,4 Milliarden.

Demgegenüber hielt SOMBART die Erde schon zu Anfang des 20. Jahrhunderts für übervölkert. FISCHER nennt eine Schwankungsbreite als zu ermittelnde Höchstzahl der Erdbevölkerung zwischen 3 und 9 Mrd.

THOMPSON vertrat 1942 die Auffassung, daß die Erde zwei- bis dreimal so viele Menschen wie zum damaligen Zeitpunkt ernähren könne. Er setzte allerdings voraus, daß Nordamerikaner und Europäer sich auf den Lebensstandard der Chinesen und Hindus beschränken müßten. ROCHOW schätzte dagegen, daß unter Nutzanwendung der wissenschaftlichen Erkenntnisse der Chemie die Ernährung von 15 Milliarden Menschen auf der Erde durchaus möglich sei, davon allein 1 Milliarde in den USA.

Auch bei PENCK (1924) stehen Probleme der Nahrungsversorgung im Mittelpunkt. Sie werden in der vom ihm angestrebten „physischen Anthropogeographie“ als die vitalen Fragen der Menschen bezeichnet. PENCK geht dabei von der seinen weiteren Gedankengang bestimmenden Voraussetzung aus, daß die Verzehrsgewohnheiten zwar von Ort zu Ort wechseln, aber nach zahlreichen Untersuchungen nur innerhalb relativ enger Grenzen divergieren. Unter dieser Voraussetzung kann die Volksdichte eines Gebietes proportional seiner natürlichen, durch Klima und Boden bestimmten Produktionskraft, multipliziert mit einem die Intensität des Bodenbaues wiedergebenden Faktor gesetzt werden. PENCK hat die Höchstzahl der Menschen begrifflich nicht scharf präzisiert. Er bezeichnet als „potentielle Bevölkerung“, „potentielle Volksdichte“ und „Kapazität der Länder“ einmal die „höchst denkbare“, d. h., die maximale Zahl der Erdbevölkerung, während er in anderem Zusammenhang darunter die „wahrscheinlich größte“

Einwohnerzahl versteht. PENCK ging es de facto nicht um die Festsetzung maximaler, sondern optimaler Bevölkerungsgrenzwerte.
Die Problemstellung bei Untersuchungen über die Tragfähigkeit ist im eigentlichen Sinn das wichtigste Indiz der sog. Unterversorgungswelle, die weite Gebiete der Erde betrifft. Gleichzeitig münden diese Fragen darin aus, ob nicht zu wenig LN zur Verfügung steht, um davon die zahlenmäßig wachsende Menschheit vollwertig ernähren zu können. PENCK kommt zu dem Ergebnis, daß auf der Erde nach seinen auf klimatologischer Basis fußenden Berechnungen 7,689 Mrd. Menschen leben können. Diese sollen sich wie folgt verteilen:
Eurasien 26%, Afrika 29%, Australien 6%, Nordamerika 14% und Südamerika 25%.
Die Tragfähigkeit von Lebensräumen ist nach FISCHER hauptsächlich von 3 Faktoren abhängig:
der Ausdehnungsfähigkeit des Bodenanbaues,
der möglichen Produktionssteigerung je Flächeneinheit,
der Art des Bodenanbaues.
FISCHER benutzt zu seiner Aufstellung Kosttypen. Er verwendet dafür den Energiewert der Nahrung. Die größten Flächenunterschiede ergeben sich zwischen kohlenhydratreichen und tierischen Produkten: Zuckerrüben 69,0 Mill kJ/ha (16,5 Mill. kcal/ha), Brotgetreide 18,8 Mill. kJ/ha (4,5 Mill. kcal/ha), Rindfleisch 1,7 Mill. kJ/ha (0,4 Mill. kcal/ha).
Die Untersuchung von FISCHER zeigt einen methodischen Fortschritt. Zur begrifflichen Präzisierung unterscheidet er zwischen *innen*bedingter und *außen*bedingter Tragfähigkeit. Von *innen*bedingter Tragfähigkeit ist demnach zu sprechen, wenn die Bevölkerungszahl eines abgegrenzten Gebietes ihre Lebensansprüche aus dem eigenen Raum befriedigen kann. Um *außen*bedingte Tragfähigkeit handelt es sich, wenn eine solche Bedarfsdeckung nur mit Hilfe von außergebietlichen Handelsbeziehungen möglich ist. Im Gesamtergebnis kommt FISCHER auf eine Höchstsumme der Erdbevölkerung von 6,2 Mrd., deren Ernährung er mit den „gegenwärtigen technischen Mitteln“ für möglich hält. FISCHERS Berechnung hat aber keinen Bezug genommen auf die Möglichkeiten zur Erweiterung der Lebensgrundlagen der Erdbevölkerung, was im

Hinblick auf seine relativ niedrige Schätzung ebenfalls beachtet werden muß.

Basierend auf Berechnungen von FISCHER hat HOLLSTEIN (1937) seine Untersuchung auf einer Bonitierung der Erdoberfläche aufgebaut. Dabei handelt es sich nicht um die Feststellung der Bodengüte, den Wert des Bodens schlechthin, sondern um die Abschätzung der Erdoberfläche in ihren regionalen Unterschieden bezüglich der jeweiligen Fähigkeit zur Erzeugung pflanzlicher Produkte. Bonitierungsgrundlage bilden die Faktoren Oberflächengestalt, Klima, Boden. Um die Anbaufähigkeit der verschiedenen Kontinente abschätzen zu können, ging HOLLSTEIN von den dort jeweils zum Anbau kommenden Nutzpflanzen und von den erzielten Ernten aus. Er beschränkt sich auf Körnerfrüchte. Unter der Annahme des feldmäßigen Anbaues der Körnerfrüchte, für die im Durchschnitt 13 800 kJ (3300 kcal) je 1000 g angesetzt werden können, läßt sich, wenn man den menschlichen Energiebedarf je Tag mit 10 460 kJ (2500 kcal) veranschlagt, für jedes Gebiet berechnen, wieviel menschliche Ernährungstage je ha gedeckt werden können.

In der Zeit nach Ende des Ersten Weltkrieges und der Weltwirtschaftskrise (1925—28) und 1947 erneut hat sich FAWCETT mit der Frage einer Schätzung über die zukünftige Zahl der Erdbevölkerung befaßt. Wenn man seinen Beispielen folgt und Frankreich als Bezugsgebiet für die Länder der gemäßigten Zone sowie in gleicher Weise Java für die übrigen Regionen in Rechnung stellt, erhält man eine Bevölkerungskapazität der Erde von 9,6 Mrd. Im Jahr 1925 hatte FAWCETT noch 10,8 Mrd. angegeben.

Eine eigene Rechnung geht davon aus, als Höhe der anzustrebenden durchschnittlichen Nahrungsproduktion je ha LN für 3 Menschen jeweils 2500 kcal (10,46 MJ) und 80 g Protein, davon 40 g tierisches, zugrunde zu legen. Seit vielen Jahren wird diese Flächenproduktivität von einer Reihe von Ländern erreicht, von denen einige maßgeblich an der Versorgung der Erdbevölkerung beteiligt sind. Auf die LN der Erde (3,8 Mrd. ha) übertragen läßt sich errechnen, daß dann über 11 Mrd. Menschen ausreichend und vollwertig ernährt werden können.

5.2 Regionale Tragfähigkeitsuntersuchungen

Neben globalen Betrachtungen wurden zahlreiche lokal oder gebietlich eng begrenzte Tragfähigkeitsuntersuchungen angestellt.

Daneben handelt es sich bei einer weiteren Gruppe von Tragfähigkeitsuntersuchungen in erster Linie um sozio-ökonomische Problemstellungen, diejenige Menschenzahl zu ermitteln, die in einem Land insgesamt oder innerhalb bestimmter Berufs- und Wirtschaftsgruppen bzw. allgemein eine auskömmliche Existenz haben kann. Soweit es die Arbeitsplatzkapazität, die vor allem im Hinblick auf die bäuerliche Wirtschaftsstruktur untersucht worden ist, betrifft, können Arbeiten von STREMME, OSTENDORFF, MORGEN und FRANKEN als methodisch aufschlußreiche Beispiele herangezogen werden. Die Existenzmöglichkeiten sind jedoch nicht nur auf den unmittelbaren Arbeitseinsatz beschränkt. Sie gründen sich daneben auf Einkommen, Gewinn, Besitzvermögen oder Renten, die folglich auch aus früheren Tätigkeiten herrühren können.

Diese existentielle Tragfähigkeit eines Gebietes sagt über die Zahl der Menschen aus, die darin unter bestimmten Voraussetzungen auf längere Sicht Existenzmöglichkeiten finden. Soweit die Existenzmöglichkeiten auf der Ausübung einer Arbeit beruhen, deckt sich die Tragfähigkeit weitgehend mit der Arbeitsplatzkapazität, mit der Summe der selbständigen und unselbständigen Erwerbstätigen. Da viele Existenzmöglichkeiten nicht nur auf einer unmittelbaren Erwerbstätigkeit basieren, sondern erhebliche Bevölkerungsteile ihren Lebensunterhalt aus Besitz und Vermögensrenten, aus Gewinnbeteiligung oder Pensionen bestreiten, umfaßt die gesamte Tragfähigkeit einen zahlenmäßig größeren Personenkreis.

Aus der Vielzahl der für ein begrenztes Areal, ein bestimmtes geographisches Gebiet, einen Landkreis, eine Provinz oder ein Land durchgeführten Tragfähigkeitsuntersuchungen in bezug auf die Anzahl der dort zu versorgenden Menschen können Studien aus Japan, Indonesien, Taiwan, Indien, Ägypten, Israel, Tunesien, Südafrika, Brasilien, Uruguay, Mexico, mehreren Staaten der USA und europäischen Ländern genannt werden.

6. Nahrungsraum und seine Erweiterungsmöglichkeiten

Die Frage nach der Bevölkerungskapazität der Erde und ihrer Räume in bezug auf ihre Ertragfähigkeit hat bisher nicht zu einer anerkannten exakten Beantwortung führen können. Ob der Nahrungsraum der Menschheit schon in naher Zukunft bis zu seinen maximalen Leistungsgrenzen ausgelastet ist, oder noch Möglichkeiten für eine wesentliche Erhöhung der Lebensmittelproduktion auf der Erde bestehen, ist von mehreren Faktoren abhängig. Wenn man die Erdbevölkerung mit 4,0 Mrd. veranschlagt, stehen je Person 1,08 ha LN zu Verfügung.

6.1 Bodenzerstörung — Bodenerosion

Das Problem der Bodenzerstörung, insbesondere der *Bodenerosion,* hat die Geschicke vieler Völker und Staaten seit Jahrhunderten beeinflußt. Es taucht stets dann auf, wenn durch Unwissenheit oder Profitgier dem Boden eine höhere Leistung abverlangt wird, als seiner natürlichen Produktionskraft entspricht. Auch wenn die Vorsorge für die Erhaltung seiner Produktionsfähigkeit außer acht gelassen wird, zeigt sich dieses Phänomen. Die Bodenerosion ist insbesondere in tropischen und subtropischen Bereichen von Bedeutung, wo Niederschläge und Windgeschwindigkeit extreme Ausmaße annehmen.
Die Bodenerosion ist ursächlich untrennbar mit der Ausbreitung der Pflugkultur und einer nicht angepaßten Wirtschaftsweise verbunden. Beim Pflugbau werden Wälder abgeholzt oder gerodet und Grasfluren ihrer schützenden Pflanzendecke beraubt. Die Böden werden somit der unmittelbaren Einwirkung von Sonne, Wind und Regen ausgesetzt und den Kräften der Abtragung preisgegeben.

Damit ergibt sich die Frage, ob Steppengebiete, die aufgrund unzureichender Niederschläge außerhalb der ertragsgesicherten Ackerbauzone liegen, für eine intensive Bodennutzung zukünftig ausscheiden sollen. Für die südrussischen Steppen, die heute für die Ernährung der stark anwachsenden sowjetischen Bevölkerung erforderlich sind und deren Erosionserscheinungen seit langem Aufmerksamkeit in Anspruch nehmen, besteht etwa das gleiche Problem wie für große Gebiete im mittleren Westen der USA. Auch auf die Nutzungsmöglichkeit der afrikanischen Grassteppen ist in diesem Blickpunkt zu verweisen. Hier zeigt sich, daß die Tragfähigkeit einzelner Gebiete, ebenso wenig wie die des gesamten Lebensraumes der Erdbevölkerung, nicht von der optimalen Höhe der Bodenproduktion, sondern vom Gegenteil, dem Minimum der Ertragswerte begrenzt wird. In den USA versucht man mit Hilfe einer verbesserten Bodenbearbeitung und Waldschutzstreifen die Schäden der Bodenzerstörung zu vermindern. Daneben wurden viele Wasserreservoirs gebaut. Ähnliche Maßnahmen hat die Sowjetunion getroffen.

Neben der Bodenzerstörung durch Wind *(Winderosion)* und Austrocknung in Trockengebieten ist auf die Bodenabschwemmung durch überreiche Niederschläge *(Wassererosion)* zu verweisen. Zu ihrer Eindämmung ist die Anlage von Terrassenkulturen nützlich. Nähere Ausführungen darüber erfolgten von JUNG und ROHMER (1971).

Die *Desertifikation* (Verwüstung) bedroht mindestens 50 Millionen Menschen. Namentlich wirkt diese Art der Landzerstörung am Südrand der Sahara, der Sahelzone, die Länder Sudan, Mauretanien, Senegal, Mali, Niger, Obervolta, Tschad, bedrohend. Im Sudan fraß sich die Wüste in den vergangenen 2 Jahrzehnten 90 km tief in das Land vor. Ähnlich ist es am Nordrand der Sahara. Dort degenerieren jährlich etwa 100 000 ja LN zu Wüste. Im Mittleren Osten bieten einige Gebiete heute weniger Menschen den Lebensraum als vor Jahrtausenden. Ein Wachstum der Wüste wird darüber hinaus auch aus Gebieten von Argentinien, Brasilien, Chile, Peru, Mexiko, Indien und den USA festgestellt. Dort zeigen neuere Studien, daß mehr als 20 Millionen ha Grasland wegen Überweidung nur noch mäßige bis schlechte Qualität aufweisen.

Das Phänomen der Desertifikation hat mehrere Ursachen. Sie kann einmal durch Klimaänderungen oder Klimaschwankungen entstehen. Hauptursache ist aber die vom Menschen ausgehende Zerstörung des ökologischen Gleichgewichtes. Die Ausdehnung des Ackerbaus mit dem Roden der natürlichen Pflanzenwelt für die Bearbeitung des Bodens mit Geräten ruiniert den Wasserhaushalt. Die Niederschläge sickern in geringerer Menge in das Erdreich und fließen vermehrt an der Oberfläche ab. Gleichzeitig wird fruchtbare Erde weggeschwemmt. Das Wasser verdunstet viel zu schnell. Aus der Sahelzone wird von einer mindestens 6jährigen Dürre berichtet. Über 100 000 Menschen sollen gestorben, zahllose Tiere umgekommen sein.
Die Bewirtschaftungsmethoden für Trockengebiete sind in Israel, Australien, der Sowjetunion und den USA erfolgreich entwickelt worden. Große Gebiete der Negev-Wüste in Israel sind in eine produktive, ja sogar üppige Landschaft infolge geschickter Bewässerungspraxis, verbesserter Trockenlandbebauung und geregelter Weidewirtschaft überführt worden. Auch in China vermochte man dank vieler Maßnahmen die gewaltige Verwüstung aufzuhalten und die agrarische Produktion sogar zu steigern.
In der extrem regenarmen Atacama-Wüste im Norden Chiles wurde vor einigen Jahren ein Versuch unternommen, diese Gegend wenigstens wieder für die tierische Ernährung zu nutzen. Die immergrünen Tamarugo-Bäume zeigten sich dem salzhaltigen Boden gewachsen und dienten schon nach 5 Jahren mit ihren gefiederten Blättern und proteinreichen Fruchtschoten Ziegen und Schafen als Weide. Auch in anderen Wüstenregionen sind Tamarugos inzwischen mit Erfolg angepflanzt worden.
Die Bodenkonservierung beschränkt sich sowohl auf die Kontrolle der Bodenerosion als auch auf Maßnahmen, die Produktionsfähigkeit des Kulturlandes voll zu erhalten. Der im lateinamerikanischen und afrikanischen Tropengürtel heimische Ackerbau ist noch weitgehend eine unstete Wirtschaftsform, ein Wanderfeldbau. Er verdankt seine Entwicklung der aus langer Erfahrung erwachsenen Anpassung einer primitiven Bodenbewirtschaftung an die Bodenbedingungen. Eine wesentliche Voraussetzung für die ökologische Bodenbewirtschaftung der Tropen ist die Beseitigung der

dort vorherrschenden einseitigen Fruchtfolgen. Die Ursache für eine starke Weizeneinfuhr Brasiliens ist die einseitig auf die Erzeugung von Genußmitteln, vornehmlich Kaffee, ausgerichtete Plantagenwirtschaft. Das Problem einer zukünftigen agrarischen Nutzung der Tropen betrifft also nicht allein ihre Erschließung. Gleichzeitig handelt es sich darum, ihre Bewirtschaftung einem planvollen Anbau nährstoffreicher Kulturgewächse zu unterwerfen.

6.2 Projekte zur Neulandgewinnung

Mit dem weiteren Anwachsen der Erdbevölkerung wird sich das Schwergewicht mehr auf den Anbau von pflanzlichen Lebensmitteln verlagern. Dabei ist nicht abzusehen, ob unsere heutigen Feldfrüchte eine gleichbleibende Bedeutung behalten oder durch tropische Gewächse verdrängt bzw. zumindest teilweise ersetzt werden. In diesem Prozeß ist eine bedeutende Produktionsverlagerung unserer einheimischen Obstarten zugunsten tropischer Früchte, in erster Linie Zitrusfrüchte, offenkundig. Ausweitung und Intensivierung des tropischen Anbaues werden, auch wenn die Ausfuhr nach Ländern der gemäßigten Breiten an erster Stelle stehen sollte, die Bevölkerungskapazität beträchtlich erhöhen. Die in dieser Hinsicht vorhandene, energetisch bedeutende und mit bedarfsadäquaten essentiellen Nährstoffmengen ausgestattete Lebensmittelproduktion tropischer und subtropischer Gebiete wird vornehmlich von ihrer eigenen Bevölkerung verbraucht.
Die Erschließung der *subarktischen Gebiete* bildet spezielle Probleme hinsichtlich der Ausweitung des menschlichen Lebensraumes. Die von russischer Seite erzielten Erfolge beweisen, daß wissenschaftliche Prognosen hinsichtlich des zukünftigen Nahrungsspielraumes der Menschheit nur solange gültig sind, wie ihre Voraussetzungen unverändert bleiben.
Penck (1924) war der Meinung, daß im Norden der Erde allenthalben der Nadelwald dem Ackerland eine Grenze setzt. Durch die Trockenlegung riesiger Moorflächen sei lediglich eine Steigerung der Holzproduktion möglich. Daß aber selbst die Kältesteppen in agrikultureller Hinsicht Möglichkeiten bieten, hat die

sowjetische Kolonisation der sibirischen Taiga und Tundra bewiesen. Aus Skandinavien und Nordamerika sind ebenfalls bedeutende Züchtungserfolge für den Anbau kälteresistenter Kulturpflanzen zu berichten.

Um die relativ kurze Dauer der arktischen Vegetationszeit voll auszunutzen, wurden in mehreren Ländern verschiedene Anbauverfahren eingeführt. Wo die Menschenzahl in Niederlassungen oder Siedlungen nur gering ist, wie in Polarstationen, kann die Zucht vieler Produkte, insbesondere von Gemüse, in Glaskulturen erfolgen. Dies ist eine zunächst kostspielig erscheinende Produktionsart, die aber de facto billiger ist als der Transport von Lebensmitteln über mehrere tausend Kilometer oder die Wiederherstellung der menschlichen Leistungsfähigkeit. Auch wurden spezielle, den arktischen Klima- und Bodenverhältnissen angepaßte Getreide- und Gemüsesorten gezüchtet. Schließlich wurde zumindest lokal versucht, die Vegetationszeit zu verlängern. Die Zeit des Freilandwachstums des Getreides ist durch Vorkeimen der Saaten verkürzt worden. Soweit das Getreide in witterungsungünstigen Jahren nicht zum Ausreifen gelangt, erfolgt seine künstliche Nachreife in Darren.

Projekte zur Neulandgewinnung erfahren in vielen Ländern eine großzügige Förderung. In mehreren Regionen sind nach TIMMERMANN (1976) durch Umbruch und Inkulturnahme von Naturgras- land- und Ödlandflächen noch Produktionsreserven zu erschließen. Neulandgewinnung durch Be- und Entwässerung erfolgte z. B. in den USA mit dem *TVA-Projekt* (TVA = Tennessee Valley Authority). Das Hauptziel des TVA-Projektes war die Verdopplung der bewässerten Bodenfläche auf 20 000 km², wodurch 53 000 neue Farmen geschaffen wurden. Auf diesen wurden 200 000 Menschen angesiedelt.

Brasilien erzielt durch Bewässerungsmaßnahmen und Regulierung des Rio-San-Francisco mehrere Ernten im Jahr. Großzügige Bewässerungsmaßnahmen erfolgten in Ceylon, Israel, Irak, Iran, Türkei, Afghanistan, Pakistan und Indien.

Die Projekte in *Indien* umfassen neben Bewässerung und Bodenschutz auch eine umfangreiche Eigenproduktion von Düngemitteln,

Wiedergewinnung des durch Überschwemmung zerstörten Bodens, weitgehende Mechanisierung der Landwirtschaft und Verbreitung moderner Wirtschaftsmethoden unter den Kleinbauern.
Griechenland steigerte seine Baumwoll-, Reis- und Weizenproduktion durch großräumige Bewässerungsmaßnahmen.
Die Ausnutzung von Flußsystemen ist weiterhin von Ägypten, der Türkei, dem Libanon, von Syrien, Israel, Jordanien, dem Irak und dem Iran vorgesehen oder schon durchgeführt. In Israel und in der Türkei erfolgen darüber hinaus weitere Maßnahmen, die zur Erweiterung der LN beitragen.
Ein eindrucksvolles Beispiel liefert die Sowjetunion mit der Entwüstung eines großen Gebietes in Turkmenien. Der Karakum-Kanal soll als der Erde längster künstlicher Fluß nach vollendetem Ausbau bis zum Kaspischen Meer reichen. Er leitet einen Teil der Wassermengen des Amur-Darja ab und reicht jetzt bis über Aschchabad hinaus mit einer Länge von nahezu 1000 km. Dort sind aus einst leblosen Sandregionen große Flächen bewässerten Bodens entstanden, die bereits Baumwolle und Früchte liefern.
Im Hintergrund steht in der Sowjetunion das Mammutprojekt, die nach dem Norden fließenden Ströme Sibiriens in südliche Richtung umzudirigieren und somit viele Millionen km² fruchtbare Erde mit ausgewogenen klimatischen Bedingungen zu gewinnen. In einem Großraumprojekt werden beinahe zwei Drittel der Fläche der europäischen *Sowjetunion* einbezogen. Die Wolga und ihre Nebenflüsse sollen zum Weißen Meer und zur Ostsee über die nördliche Dwina, den Onega- und Ladogasee und über die Flüsse Kama und Petschora zum Nördlichen Eismeer geleitet werden. Ein Projekt „Groß-Dnjepr“ betrifft ein Gebiet um den zweitgrößten Strom der europäischen Sowjetunion. Zwei weitere sowjetische Wirtschaftsprojekte ziehen außereuropäisches Gebiet ein.
Bei den bisher besprochenen Maßnahmen zur Gewinnung von neuem Kulturland handelt es sich in erster Linie um *Be*wässerungsanlagen und Flußtalmeliorationen. In anderen Gebieten ist durch großräumige *Ent*wässerung das gleiche Ziel zu erreichen.
Auch hygienische Fortschritte zeigen sich als Folge von derartigen Wasser- und Bodenmaßnahmen. Dazu zählen die erfolgreiche Bekämpfung der *Schlafkrankheit* im Kongogebiet und in Ostafrika

durch Meliorationen sowie die Gelbfiebersanierung in der Panamakanalzone.

Ein beachtenswertes Beispiel für die Verbesserung der Gesundheitsverhältnisse bietet auch das früher von Malaria heimgesuchte Griechenland. Nach dem Zweiten Weltkrieg wurden dort im Auftrag der UNRRA neuzeitliche Bekämpfungsmaßnahmen eingeleitet, die zu einem durchschlagenden Erfolg führten.

Die in verschiedenen Gebieten der Erde auftretenden menschlichen Seuchen und infektiösen Krankheiten müssen noch nachhaltiger im Hinblick auf Intensivierung und Erhöhung der landwirtschaftlichen Produktion solcher Gebiete bekämpft werden. Entsprechendes gilt für Tierseuchen und -erkrankungen. Diese bilden sonst eine ständige Gefahr für die Nahrungsversorgung der Menschheit und beeinträchtigen überdies zunächst die Produktion auf weiten Flächen.

Die Angaben aus den einzelnen Projekten sind sehr unbestimmt, teilweise sogar widersprechend. Die Erwartungen waren bei manchen Projekten zu hoch gespannt. Deshalb ist es nicht möglich, eine definitive Größe der Flächen aus Neulandgewinnung für die Erde insgesamt anzugeben. Eine Größenordnung von 100 Mill. ha LN ist öfters genannt worden.

7. Auswirkungen der Ernährungssituation in ernährungsphysiologischer Sicht

Die Realisierung ernährungsphysiologischer Belange ist primär in der lokal bedingten Ernährungswirtschaft begründet. Dadurch gelangen die ernährungsphysiologischen Gegebenheiten in das Abhängigkeitsverhältnis der jeweiligen ernährungswirtschaftlichen Situation.

Die von der FAO/WHO sowie von nationalen wissenschaftlichen Gremien erarbeiteten Empfehlungen geben nicht den Mindestbedarf an Nährstoffen an. Vielmehr stellen sie — wie die Recommended Dietary Allowances des Food and Nutrition Board, National Research Council der USA (1974) — Vorschläge für die Nährstoffversorgung dar. Bei den meisten Nährstoffen konnte die optimale Zufuhr noch nicht exakt bestimmt werden. Nach vorliegenden Erfahrungen bleiben gesunde Personen bei Aufnahme der empfohlenen Nährstoffmengen frei von Ernährungsschäden.

Eine Aussage zur „Unterernährung“, die auf einer unzureichenden Nährstoffzufuhr begründet ist, soll sich mit den erkannten Mangelerscheinungen befassen, die eindeutig auf die Ernährung zurückzuführen sind.

7.1 Protein-Kalorien-Mangelernährung

Für äquatoriale Gebiete ist eine hohe Sterblichkeitsrate von Kindern im Alter von 1—4 Jahren charakteristisch.

In den ersten 6 Lebensmonaten ist bei ausreichender Versorgung mit Muttermilch das Angebot an Protein und Kalorien meistens ausreichend. Damit ist die Voraussetzung für eine gute Entwicklung des Säuglings gegeben.

Auch im 2. Lebenshalbjahr zeigt sich zunächst noch eine ausreichende Entwicklung der Kinder. Der Gehalt der Muttermilch an Protein und Kalorien ist jedoch für den steigenden Bedarf

nicht mehr völlig ausreichend. Deshalb wird Zusatznahrung, die kohlenhydratreich, aber proteinarm ist, angeboten.
Im 2. und 3. Lebensjahr ist eine mangelhafte Entwicklung des Kindes verbreitet, da dem Organismus die zum Wachstum benötigte Protein- und Kalorienmenge nicht angeboten wird. Die vereinzelt noch verabreichte Muttermilch kann den Bedarf nicht mehr decken. Die meisten Kinder erhalten starchy-food, die einen geringen und qualitativ minderwertigen Proteingehalt aufweisen. In diesem Lebensabschnitt tritt Protein-Kalorien-Mangelernährung vor allem bei ungenügender Stilleistung der Mutter auf. Die hauptsächlichsten Erkrankungen bei Protein-Kalorien-Mangelernährung sind der ernährungsbedingte Marasmus und Kwashiorkor (von Muralt 1969).

Marasmus

Ursprünglich wurde mit Marasmus ein Zustand von Kindern beschrieben, die am verhungern waren. Neben dem ernährungsbedingten Marasmus gibt es weitere marantische Zustandsformen, die durch andere Krankheiten verursacht werden (WHO 1971).
Als ernährungsbedingten Marasmus bezeichnet man eine Form schwerer Protein-Kalorien-Mangelernährung, die sich im Gegensatz zum Kwashiorkor neben Proteinmangel durch eine ungenügende Zufuhr an Brennwerten manifestiert. Marasmus entsteht oft schon im ersten Lebensjahr. Er tritt vor allem auf, wenn die Muttermilch-Versorgung aussetzt ohne daß dem Kind ein entsprechender Nährstoffausgleich angeboten wird. Auch Diarrhöen infolge Infektion können zu Marasmus führen. Zur Behebung der infektiösen Diarrhöe wird die Nahrungsgabe beim Säugling infolge Unwissenheit der Erwachsenen manchmal ungebührlich lange ausgesetzt, was wiederum zu ungenügender Brennwertaufnahme führt. Ferner kann ein zeitlich ungewöhnlich langes Stillen des Kindes ohne Zusatznahrung zu Marasmus führen. Marasmus hat sowohl zahlreiche Begleiterkrankungen als auch Erscheinungen, die sein Auftreten begünstigen.
Beim Marasmus zeigt sich verzögertes Wachstum und erhebliches Untergewicht (Waterlow und Rutishauser 194). Neben Muskelatrophie ist im Gegensatz zum Kwashiorkor keine subkutane

Fettschicht vorhanden, da neben dem mangelnden Proteinangebot auch eine völlige Unterversorgung mit Brennwerten erfolgt. Ödeme treten in der trockenen Form (De Maeyer 1976) nicht auf. Die Haut wird faltig und runzelig, der Gesichtsausdruck des Befallenen ähnelt dem von älteren Menschen.

7.2 Kwashiorkor

Eine zu geringe Aufnahme an Protein zeigt sich in der Mangelkrankheit *Kwashiorkor*. Er ist in Afrika, Lateinamerika, im Mittleren und Fernen Osten verbreitet und wird in Einzelfällen noch in Südeuropa und in anderen Ländern beobachtet. Kwashiorkor äußert sich beim Wachsenden durch Verzögerung von Längenwachstum und Knochenreifung. Neben Apathie und Anorexie zeigen sich Ödeme und pellagraähnliche Dermatosen durch Insuffizienz der Verdauungsenzyme, durch Störungen im Elektrolythaushalt und im Stoffwechsel der Kohlenhydrate. Neben diesen Kardinalsymptomen werden einige akzessorische Symptome beschrieben. Besonders ein stark überdehnter Bauch ist für die Erkrankung typisch. Augenfälliges Kennzeichen, das der Erkrankung den Namen eingebracht hat (Kwashiorkor = roter Junge), sind Pigmentänderungen der Haare und ihrer Struktur. Über die Mortalität können nur vage Angaben gemacht werden. Längst nicht alle Fälle werden bekannt. Bei der durch die Erkrankung verringerten Widerstandsfähigkeit bilden häufig Folgeerkrankungen erst die eigentliche Todesursache.
Beim Kwashiorkor handelt es sich um ein Polykarenz-Syndrom, vornehmlich im Säuglings- und Kleinkindesalter. Die Charakteristika sind Untergewichtigkeit, apathische Erscheinungen, Ödeme, Muskelschwund, Veränderungen der Pigmentierung von Haaren und Haut, Fettleber, Anämien und weitere Infektionen. Die Verdauungsenzyme sind stark vermindert. Ungenügende Zufuhr an essentiellen Aminosäuren und Vitaminen sind von maßgebender ätiologischer Bedeutung. Im fortgeschrittenen Stadium der Erkrankung finden sich neben den bekannten klinischen Zeichen mannigfache biochemische Veränderungen im Blut. Bei rechtzeitiger Er-

kennung des Syndroms kann durch therapeutische Maßnahmen, worüber Lowenstein (1967) berichtet hat, die sehr hohe Mortalitätsrate gesenkt werden.

WHITEHEAD und DEAN (1964) berichten über eine dreijährige prospektive Studie in Uganda, die sich mit der Pathogenese des Kwashiorkor und dem Beginn seiner kritischen Phase befaßte. 326 Kinder wurden untersucht. Die in den entnommenen Blutproben festgestellten Veränderungen betrafen die Serum-Werte für Insulin, Cortisol, Wachstumshormon sowie die Aminosäuren Valin und Alanin, die teils erhöht, teils verringert sind. Sinkt der kolloidosmotische Druck im Serum ab, pflegt das klinische Zeichen des Mondgesichts aufzutreten. Diese pathologischen Veränderungen setzen dann ein, wenn die Albumin-Konzentration im Serum unter 3,0 mg / 100 ml sinkt. Zu diesem Zeitpunkt neigt das Kind zu Ödemen und zur Entwicklung einer Lebervergrößerung mit Fettinfiltraten. Die einfache Bestimmung der Albumin-Konzentration im Serum bei Kindern mit den Zeichen einer Fehlernährung erlaubt es, rechtzeitig das Einsetzen der kritischen Phase des Kwashiorkor-Syndroms zu erkennen und therapeutisch entsprechend vorzugehen, um einem letalen Ausgang nach Möglichkeit vorbeugen zu können.

Bei der Pathogenese spielt der Proteinmangel stets die dominierende Rolle. Ein Mangel an anderen Nährstoffen ist regelmäßig anzutreffen. Damit kann sich auch das Krankheitsbild in der einen oder anderen Richtung verändert darbieten. Fälschlicherweise werden oft Mangelsymptome beschrieben, die primär auf unzureichende Elektrolyte oder Vitamine zurückzuführen sein sollen. In Wirklichkeit kommen diese Erscheinungen durch eine ungenügende Proteinaufnahme zustande. Mit der verminderten Proteinmenge werden sekundär auch zu wenig Vitamine und Mineralstoffe sowie Spurenelemente zugeführt.

Tritt Proteinmangel auch bei ausreichender Zufuhr an Energie ein, wird meist eine Erkrankung gesehen, die zahlreiche Parallelen zu den auch in Mitteleuropa früher beobachteten Mehlnährschäden aufweist. Proteinmangel bei reichlicher Energieaufnahme führt zu einer Abwandlung des Kwashiorkor. Diese ist häufig in Jamaika beobachtet worden. Sie ist mit einer Vermehrung des subkutanen Fettgewebes verbunden. Die Erkrankten werden dann „Sugarbaby" genannt. Proteinmangel — vor allem für Kinder — stellt das wichtigste Ernährungsproblem dar. Man trifft ihn in den Entwicklungsländern in allen Regionen an, wenngleich unter verschiedenen Namen. Man spricht von „Kwashiorkor" in Zentralafrika, von „Infantiler Pellagra" in südlicheren Gebieten dieses Erdteils. In Jamaika nennt man das Krankheitsbild „Fatty Liver Disease" oder „Sugarbaby", in Lateinamerika hat sich der Name „Distrofia pluricarencial infantil" eingebürgert. In Indien leidet ein großer Teil der Kinder unter „Nutrition oedema syndrome" oder „Nutrition distrophy". In Zentralafrika gebraucht man außerdem einen aus der Landessprache stammenden Namen „M'buaki". In einigen europäischen Ländern war diese Erkrankung vor einigen Jahrzehnten noch verbreitet. In Frankreich war die Bezeichnung „Dystrophie des Farineux", in Deutschland „Mehlnährschäden" geläufig.

7.3 Avitaminosen

Häufig geht parallel dem Kwashiorkor eine Vitamin-A-Mangelkrankheit, *Xerophthalmie* (Austrocknung der Binde- und Hornhaut). Sie kann zur ständigen Blindheit und zum Tode führen. In einem Gebiet der Insel Java wurden mehr als 2000 Fälle angetroffen. In einem dortigen Augenhospital wurden innerhalb von 10 Jahren 10 000 Fälle registriert.

Hemeralopie (Nacht-, Dämmerungsblindheit) ist das erste Erscheinungsbild einer Vitamin-A-Unterversorgung. Es ist eine als Sehstörung auffallende Herabsetzung der Dunkeladaptation der Netzhaut. Davon betroffen sind Personen aller Altersgruppen.

Durch eine weitere Vitamin-A-Mangelerscheinung, *Keratomalazie,* eine Verhornung der Korneazellen, die zur Ulzeration und Perforation führt, kann ebenfalls ein Verlust des Auges verursacht werden.

Weitere Mangelerscheinungen äußern sich in Hautveränderungen und Störungen von Schleimhautsystemen. Derartige Begleitsymptome werden aus allen Regionen der entwicklungsfähigen Ländern berichtet.

Die global weitverbreitete Vitamin-D-Mangelerscheinung ist insbesondere die im vergangenen Jahrhundert unter der Bezeichnung „Englische Krankheit" bekanntgewordene *Rachitis.* Sie äußert sich in erster Linie beim Säugling und Kleinkind durch eine Veränderung des normalen Knochenwachstums. Die Verknöcherung der Fontanelle wird verzögert. Der Brustkorb weist als Rosenkranz bezeichnete Auswüchse auf und nimmt die Form einer sogenannten Schuster- oder Hühnerbrust an. Darüber hinaus kommt es häufig zu Verkrümmungen der Röhrenknochen. Als Symptom bei Wachsenden zeigen sich Wachstumsstörungen und verzögerter Durchbruch der Zähne.

Beim ausgewachsenen Organismus kann es ebenfalls zu Vitamin-D-Mangelerscheinungen kommen. Diese sind seltener. Am meisten ist beim Erwachsenen *Osteomalazie* zu beobachten. Sie äußert sich in Schwäche und Schmerzen in den Beinen und im Rücken sowie in starker Druck- und Klopfempfindlichkeit der Knochen. In den Knochen schwinden die Verkalkungszonen. Es treten Wucherungen des unverkalkten Knochenknorpelgewebes auf.

Die *Beri-Beri* ist eine früher allein infolge Thiaminmangel bezeichnete Erkrankung. Inzwischen zählt sie zu den kombinierten Protein-Vitaminmangelerkrankungen. Kohlenhydrate werden dabei nicht richtig metabolisiert. Daneben zeigen sich mehrere unspezifische Symptome. Beri-Beri tritt vorzugsweise unter der Bevölkerung auf, die sich zu einem hohen Grad von poliertem Reis ernährt, gleichzeitig von größeren Mengen an rohen Meerestieren, die Thiaminase enthalten. Thiaminase entfaltet eine Antivitamin-Wirkung in bezug auf Thiamin. In Thailand, Burma und Vietnam zeigt sich eine besonders hohe Todesrate infolge Beri-Beri bei Kindern unter einem Jahr. Beri-Beri findet sich, nachdem der Reisanbau in afrikanischen Gebieten stark forciert wurde, auch dort vermehrt. Wenn Reis an die Stelle von thiaminreichen Grundnahrungsmitteln tritt oder mit der Beikost nicht genügend Vitamin B_1 zugeführt wird, tritt das Dilemma besonders oft und deutlich in Erscheinung.

Die *Ariboflavinose* ist ein weiteres Symptom in vielen entwicklungsfähigen Ländern, das dort als verbreitete Mangelkrankheit anzutreffen ist. Sie ist auf eine zu geringe Versorgung an Riboflavin zurückzuführen und zeigt sich insbesondere bei gleichzeitig unzureichender Zufuhr an Protein tierischer Herkunft bei hohem Verbrauch an blattreichen Gemüsen und Leguminosen. Ariboflavinose ist in den meisten Fällen auch Ausdruck eines Mangels an weiteren B-Vitaminen. Die bei einer solchen komplexen Avitaminose auftretenden Symptome sind demgemäß sehr vielseitig. Neben Wachstumsstörungen findet man vor allem Anämie, Degeneration des Nervengewebes, Katarakt, Dermatitis. In den meisten Fällen sind es Haut- und Schleimhautsymptome, wie Rhagaden an den Mundwinkeln und Fissuren, Atrophie der Zungenschleimhaut, Schuppenbildung der Haut um Augenwinkel und Nasiolabialfalten, hämatologische Symptome.

Auf *Pellagra* hinweisend wurde bereits in früheren Jahrzehnten ein Vitamin, Nicotinsäureamid (Niacin), als Antipellagrafaktor (Vitamin PP) bezeichnet. Die Mangelerkrankung ist heute noch insbesondere in den Gegenden verbreitet, deren Bewohner sich vorwiegend von Mais ernähren. Auch die ungünstige Aminosäurezusammensetzung spielt dabei eine Rolle. Mais ist arm an Tryptophan. Inzwischen ist es gelungen, tryptophanreiche und leucinarme Maissorten zu züchten, die freilich noch nicht weit verbreitet sind. Die klinische Pellagra ist charakterisiert durch Dermatitis, Diarrhoe und Dementia.

Ein Mangel an Vitamin B_6 (Pyridoxin) zeigt sich im Proteinstoffwechsel. Dort nimmt Vitamin B_6 eine zentrale Stellung ein. Die Symptome einer diesbezüglichen Avitaminose lassen sich in der Mehrzahl auf Störungen des Proteinauf- und -abbaues, insbesondere eine Tryptophanstoffwechselstörung, zurückführen. Häufig treten daher direkte Mangelzeichen nach Proteinunterernährung auf. Bei Säuglingen wurden Krämpfe beobachtet, die eindeutig auf Vitamin-B_6-Mangel zurückzuführen sind.

Vitamin-B_{12}-Mangelzustände sind als Folge ungenügender Zufuhr beim Menschen selten. Nur bei extremen Vegetariern, wie sie im Inneren von Afrika häufig und aus falschem Ernährungsbewußtsein in europäischen Ländern häufiger sind, kommt es zu Krankheitsbildern, die einem beginnenden Vitamin-B_{12}-Mangel entsprechen. Wird Vitamin B_{12}, sei es wegen Fehlen des Intrinsic-Faktors oder aus anderen Gründen im Intestinaltrakt nicht resorbiert, kann es zum Krankheitsbild der *perniziösen Anämie* kommen. Die wesentliche Störung besteht darin, daß die Blutbildung im Knochenmark einen anomalen Verlauf nimmt. Es kommt zur Bildung von Megaloblasten, die verlangsamt zu Megalozyten ausreifen.

Zu ähnlichen Störungen in der Bildung der Blutzellen kann es bei *Folsäuremangel* kommen. Neben dieser makrozytären Anämie treten Degenerationen im Rückenmark infolge schwerer intestinaler Störungen der Resorption und bei Lebererkrankungen auf.

Weniger eindeutig sind Avitaminosen bzw. Vitaminmangelerscheinungen, die primär auf anderen Vitaminen der B-Gruppe beruhen, die noch nicht in dem Zusammenhang genannt wurden. Ein Mangel an solchen Vitaminen wirkt sich immer sekundär aus, also in Koordination oder als Folgeerscheinung mit den bereits beschriebenen B-Vitaminen.

Skorbut ist die typische Mangelkrankheit bei unzureichender Aufnahme an Ascorbinsäure. Sie wird insbesondere bei Erwachsenen in Populationen mit einem ungenügenden Verzehr an frischen Früchten und Gemüsen gefunden. Auch bei Kindern, die zu wenig oder überhaupt keine Brustmilch erhalten haben und vorwiegend von nährstoffarmen Knollen- oder Wurzelprodukten ernährt worden sind, ist sie verbreitet. Klassische Symptome sind Hämorrhagien am ganzen Körper, Gingivitis, Hämaturie, Blutungen in der Muskulatur, Nachlassen der Resistenz gegen Infektionen. Beim Säugling äußert sich der Vitamin-C-Mangel als sog. Möller-Barlow'sche Krankheit. Sie ist durch das Auftreten erhöhter Knochenbrüchigkeit und verschiedener Blutungen charakterisiert und verläuft ähnlich wie Skorbut beim Erwachsenen.

Während direkte Avitaminosen nicht mehr so häufig auftreten, sind Hypovitaminosen weit verbreitet. Die auslösenden Faktoren von Hypovitaminosen sind verschiedenartig, zumeist Folge von kombinierter Vitaminunterversorgung. Falsche Behandlung, Lagerung und Zubereitung der Lebensmittel oder Speisen wirken vitaminzerstörend. Magen- und Darmkrankheiten verhindern eine ausreichende Resorption. Eine verstärkte physiologische Beanspruchung des Organismus, wie Wachstum, Rekonvaleszenz,

Schwangerschaft und Stillzeit, führt durch erhöhten Bedarf zum Aufbrauch der Reserven.

7.4 Mineralstoffmangel

An *Mineralstoffmangelerscheinungen* sind primär — wie in hochzivilisierten Ländern — auch in entwicklungsfähigen Ländern im wesentlichen die durch Fehlen von Eisen oder Jod bedingten zu erwähnen. Eisenmangel kann sich aber dort viel ungünstiger auswirken, wo der Befall mit zu Blutarmut führenden Parasiten verbreitet ist.

Die *Eisenmangelanämie* ist auf der Erde in weitem Umfang verbreitet, insbesondere unter Mädchen sowie unter Frauen im fertilen Alter. Bei den Anämien zeigen sich in mehreren Gebieten Befunde, die gleichzeitig auf eine proteinarme Ernährung sowie auf eine mangelhafte Versorgung mit Folsäure oder auf eine geringe Aufnahme an Cobalaminen zurückzuführen sind. Am häufigsten sind Anämien bei Frauen während und nach der Schwangerschaft. In den feuchten Tropen ist Blutarmut auf Hakenwurm-Infektionen zurückzuführen. Der Hakenwurm, ein Darmparasit, ernährt sich vom Blut, das er aus Darmgefäßen saugt. Die Zahl der blutsaugenden Würmer bestimmt häufig die Schwere des Krankheitsbildes.

Der endemische *Kropf*, durch Tumorwachstum oder Entzündungen bedingte knotige oder diffuse Vergrößerung der Schilddrüse, entsteht durch eine zu geringe Zufuhr an Jod. Höchste Morbiditätsfrequenzen kommen in verschiedenen Regionen der Erde vor, vorzugsweise beim weiblichen Geschlecht zwischen 12 und 18 Jahren und bei Jungen zwischen 9 und 13 Jahren. Mit dem endemischen Kropf sind häufig andere Krankheiten als Folgeerscheinung verbunden, wie Kretinismus (Unterfunktion) und karzinomartige Erkrankungen. Vor allem sind solche anzutreffen, die sich auf eine Thyreoiditis (Schilddrüsenentzündung) zurückführen lassen. Die WHO beziffert die Anzahl der an einem endemischen Kropf leidenden Personen auf ungefähr 200 Mill. Nach Lowenstein (1967) gibt es kaum ein Land, mit nicht mindestens einem Kropfgebiet. Zur Prophylaxe ist jodiertes Speisesalz zu empfehlen. Es enthält Spuren von Kalium-, Natrium- oder Calciumjodid.

Zinkmangel

In mehreren Entwicklungsländern wurde ein Krankheitsbild beschrieben, das hauptsächlich bei Knaben in der Pubertät vorkommt (PRASAD et al 1963). Wachstum und Entwicklung der Geschlechtsdrüsen sind stark verzögert. Im Blutserum findet man neben einem stark verminderten Eisengehalt einen solchen auch an *Zink*. Bei Eisengaben verbessert sich das Blutbild, nicht aber das Wachstum. Erst bei zusätzlichen Zinkzufuhren fängt das Wachstum wieder an, und auch die Geschlechtsdrüsen entwickeln sich. Die Ursachen für den eindeutigen Zinkmangel sind nicht bekannt.

7.5 Folgen weiterer Fehlernährung

Infektionskrankheiten

Zwischen der Höhe der Nährstoffzufuhr und Infektionen besteht eine enge Korrelation. Einerseits führen einige Infektionskrankheiten bei schlecht ernährten Menschen häufig zum Tode. Andererseits werden akute, schwere Mangelkrankheiten, z. B. Kwashiorkor, oft durch Infektionen, z. B. Masern, unmittelbar ausgelöst. Die WHO (1964) hat Morbiditätsziffern über die Wirkung von Unter- und Mangelernährung auf den Verlauf von Infektionskrankheiten (Masern) veröffentlicht. Die Sterblichkeit an Masern bei Kindern betrug in entwickelten Ländern je 100 000 Fällen maximal 3,4; in Ländern mit unzureichender Nährstoffzufuhr aber weit höhere Frequenzen (Mexiko 84,7, Costa Rica 87,2, Kolumbien 104,7, Guatemala 242,3).

Ähnliches ist über die Wirkung von *Diarrhöen* zu berichten. Die dadurch bedingten negativen Stickstoffbilanzen führen weitere Gewichtsverluste oder gar den völligen Zusammenbruch mit oft tödlichem Ausgang um so rascher herbei.

Bilharziose

Eine der verbreitetsten Tropenkrankheiten, die Bilharziose, läßt sich möglicherweise durch Vernichtung der winzigen, 0,5 mm langen Wurmlarven bekämpfen, von denen diese Krankheit auf den Menschen übertragen wird.

Trotz weltweiter Bekämpfungsversuche breitet sich die Bilharziose rasch weiter aus. Die Krankheit, von der heute schon über 200 Millionen Menschen in Afrika, Asien und Südamerika befallen sind, wird durch Saugwürmer der Gattung Schistosoma hervorgerufen, die sich in den Venen des Darmes und der Harnblase einnisten und deren Eier ausgeeitert werden müssen. Der Mensch wird durch Kontakt mit infiziertem Wasser befallen. Die winzigen Larven, sogenannte Cercarien, die sich in Wasserschnecken entwickeln, dringen innerhalb kürzester Zeit durch die Haut ein, wodurch zunächst juckende Hautentzündungen entstehen. Später äußert sich die Infektion in Gewebsentzündungen, Blutungen, Wucherungen und bisweilen auch bösartigen Geschwülsten.

Eine Bekämpfung dieser Krankheit, die zu einem ernsten wirtschaftlichen und medizinischen Problem geworden ist, stieß bisher auf große Schwierigkeiten. Die herkömmlichen Medikamente eignen sich nur ungenügend zur Massenbehandlung. Versuche, die Zwischenwirts-Schnecken zu vernichten, gefährden die Fischbestände, die in den befallenen Gebieten oft die Hauptproteinlieferanten für die Bevölkerung darstellen.

Leberkrebs

Auf Fehlernährung beruht auch primärer *Leberkrebs*, der insbesondere bei Bantu-Negern verbreitet ist. Er ist eine Form des bösartigen Tumors. Als Ursachen werden einerseits gewisse Alkaloide angesehen, die sich in landeseigenen Pflanzenprodukten finden. Andererseits hat der wiederholt genannte Proteinmangel einen unverkennbaren Einfluß darauf.

Kreislaufkrankheiten

Ein Krankheitsbild, das vielfach auf die in den letzten Jahren im technischen Zeitalter verbreitete Ernährungsform angesehen wird, sind die *Kreislaufkrankheiten*. Die Morbiditäts- und Mortalitätsstatistiken aus Ländern verschiedener Entwicklungsstufe zeigen deutlich eine Korrelation zwischen Gesamtenergiezufuhr, insbesondere der Höhe des Fettverzehrs mit dem Auftreten von Herz- und Gefäßleiden.

Zahnkaries

Bei *Zahnkaries* weiß man weitgehend die Ursachen sowie Verhütungsmöglichkeiten. Verhüten läßt sich die Zahnkaries bei einer Nahrung ohne Zucker oder Süßigkeiten.

Vielleicht gewinnen noch einige Eskimos ihre gesamte Nahrung aus der Jagdbeute. Dort besteht die Kost fast gänzlich aus Protein und Fett und enthält nur Spuren von Kohlenhydraten. Wo Eskimos mit der Zivilisation in Berührung gekommen sind, nahmen sie in ihrer Kost auch Kohlenhydrate auf. Dann zeigen sich bald höhere Kariesfrequenzen. In Gegenden, wo Trinkwasser reichlich Fluor enthält, ist die Zahnkaries geringer als in anderen.

Das Interdepartmental Committee on Nutrition for National Defense hat eine große Zahl von Untersuchungen über den Ernährungsstatus von Bewohnern in verschiedenen Ländern der Erde vorgenommen. Dabei ergab sich, da die Untersuchungen zumeist in Entwicklungsländern vorgenommen wurden, zugleich ein guter Überblick über vorherrschende Ernährungsmangelkrankheiten.

Zwischen nachweisbaren Mangelschäden und vollwertiger Versorgung mit allen Nährstoffen, insbesondere hochwertigem Protein, findet sich das schon erörterte Versorgungsstadium der *suboptimalen Zufuhr.* Es kommen sehr zahlreiche Fälle vor, in denen zumindest das Fehlen von voller Gesundheit und Leistungsfähigkeit auf Fehlernährung zurückzuführen ist.

Auch wenn es nicht zu spezifischen Mangelerscheinungen kommt, setzt die ungenügende Nährstoffzufuhr die Widerstandsfähigkeit des Körpers in verschiedener Art herab. Der Verlauf von Infektionskrankheiten, wie dargestellt, ist ungünstiger. Die Anfälligkeit ist größer. Wundheilung und Vergiftungen verlaufen langwieriger, insbesondere, wenn die Versorgung mit Protein, einzelnen Vitaminen und/oder Mineralstoffen nicht ausreichend ist.

Zahlenmäßig lassen sich Gefahren ungenügender Ernährung, insbesondere bei Kindern bis zu fünf Jahren, gut belegen. Die Säuglingssterblichkeit in entwicklungsfähigen Ländern ist etwa 10mal höher als in Europa oder in Nordamerika. Die Ursachen hierfür sind neben mangelhafter Hygiene unzureichende oder einseitige

Ernährung. Säuglinge sind in afrikanischen Ländern zuweilen gut ernährt und zeigen eine Gewichtszunahme, die im Normalbereich verläuft. Dies ändert sich nach dem Abstillen, wenn unmittelbar auf die proteinärmere Kost der Erwachsenen umgestellt wird. Im zweiten oder dritten Lebensjahr zeigen dann viele Kinder keine Gewichtszunahme, weisen Ernährungsstörungen auf oder erhalten infolge Fehlernährung und dadurch verringerter Widerstandsfähigkeit andere Schädigungen. So kommt es, daß die Zahlen der Kleinkindersterblichkeit in ähnlicher Größenordnung liegen wie die der Säuglingssterblichkeit und zugleich 10- bis 40fach höher als in hochzivilisierten Ländern.

Dieser Hinweis über Art und Vorkommen von Unterernährungserscheinungen soll ergänzt werden mit Aussagen über Wege zur Abhilfe. Das Ziel ist, die gesamtwirtschaftliche, dabei primär die landwirtschaftliche und industrielle Kapazität der Entwicklungsländer zu verbessern und auf diesem Wege eine Förderung der Kaufkraft mit einer Hebung des Lebensstandards und zugleich eine Verbesserung der Ernährung zu erreichen. Dieser indirekte Weg der Bekämpfung einer Unterversorgung mit Brennwerten und Nährstoffen führt eher zum Ziel. Wenn Handelsprodukte, wie Kakao, Baumwolle oder Tabak den traditionellen Anbau von Nahrungsprodukten ablösen und die Bevölkerung ihre bis dahin übliche Lebensweise zugunsten eines Arbeitsverhältnisses aufgibt, ersetzen gewöhnlich billige, nährstoffärmere Produkte, wie Cassava, die ursprüngliche höherwertige Kost. Cassava oder Maniok, die zwar gewaltige, aber proteinarme Wurzelknolle des Cassavastrauches (Manihot utilissima, M. esculenta), ein typisches Stapelprodukt, das in größeren Mengen verzehrt wird.

Eine wirksame Verbesserung der Ernährungslage ist nur von einem der jeweiligen Situation angepaßten Programm zu erwarten, bei dessen Planung und Verwirklichung Fachleute mehrerer Disziplinen zusammenarbeiten. Ein solches Programm wurde von Kraut (1976) in Tanzania durchgeführt. Die eigentlichen ernährungsphysiologischen Voraussetzungen sind überall vergleichbar; abgesehen von gewissen Bedarfsunterschieden, die klimatisch, anthropometrisch oder durch die Berufsschwere bedingt sind.

Bei schlechtem Ernährungs- und Gesundheitszustand sind durchschnittliche Arbeitsleistungen nicht zu erwarten. So sind Maßnahmen zur Verbesserung der Ernährungslage und des Gesundheitszustandes nicht nur unter humanitären, sondern auch unter entwicklungspolitischen Gesichtspunkten unumgänglich. Erste Aufgabe einer planmäßigen Ernährungs- und Gesundheitspolitik wird darin bestehen, detaillierten Aufschluß über Ernährungs- und Gesundheitszustand, verfügbare Lebensmittel und vorherrschende Ernährungsweisen bei den einzelnen Altersgruppen unter Berücksichtigung der sozio-ökonomischen Schichtung zu erhalten. Für bestimmte Gruppen, wie Kleinkinder, werdende und stillende Mütter, sind gezielte Maßnahmen zu treffen. Ferner besteht in manchen Regionen nicht die Notwendigkeit, das Angebot an Lebensmitteln allgemein auszuweiten, sondern die Qualität zu heben und eine bessere Versorgung mit proteinreichen Lebensmitteln, insbesondere tierischer Herkunft, aber auch solchen pflanzlichen Ursprungs mit hohem Ergänzungswert, anzustreben. Es ist nicht anzunehmen, daß mit einer Besserung der Ernährungslage unmittelbar die Arbeitsleistung ansteigt. Sie ist aber eine elementare Voraussetzung dafür. Nur mit mehr Arbeitskalorien ist eine höhere Produktion zu erzielen.

8. Ernährungstabus

Ernährungsbelehrung und -erziehung müssen Voraussetzung für das Wirksamwerden jedes Ernährungshilfsprogrammes werden in Ländern, wo Vorurteile, religiöse Riten und Tabus in bezug auf den Verzehr an gewissen Lebensmitteln verbreitet sind. Diese beziehen sich insbesondere auf tierische Produkte (Fleisch, Fisch, Geflügel, Eier, Schnecken, Insekten). Einzelne Teile oder bestimmte Zubereitungsarten werden einerseits stärker geschätzt oder aber völlig abgelehnt. Ähnliches gilt für manche Wildpflanzen, die in einzelnen Gegenden gesammelt und als Beikost in größeren Mengen verzehrt, in anderen als unerwünschtes Unkraut angesehen werden.

Häufig gelten Tabus nur für bestimmte Bevölkerungsgruppen, vor allem für schwangere oder stillende Frauen oder Kinder. Auch unverheiratete junge Mädchen sind oft das Opfer von Ernährungstabus. Bevor man in solchen Ländern kein Verständnis für die Grundprinzipien einer vollwertigen und damit gesunderhaltenden Ernährung weckt und gleichzeitig entgegenstehende Vorurteile nicht weitgehend beseitigt hat, ist durch Hebung der Kaufkraft eine Verbesserung der Ernährungslage nicht zu erwarten.

Erfahrungen aus einzelnen Gebieten sind sehr verschieden. Die Aufklärung über den physiologisch bedingten Bedarf und die Beseitigung der Unkenntnis, selbst wenn sie erreicht wird, kann dann nicht praktiziert werden, wenn das Leben durch Tabus in vielen Richtungen einem Reglement unterliegt, demgegenüber der einzelne keine Entscheidungsfreiheit hat. Für ganze Völker bilden Tabus starre religiös verankerte Dogmen.

Von manchen Stämmen wird berichtet, daß werdende Mütter auf eine Hungerkost gesetzt werden, um damit die Geburt zu erleichtern. Öfters sind Mütter von Nahrungstabus eingeengt. Sie dürfen keine Hühner essen, da diese beim Foeten Krämpfe erzeugen könnten. Auch Eier sind nicht erlaubt, weil sie zu Sterilität oder zu unregelmäßiger Menstruation führen sollen. Die Schädlichkeit der Eier ist eine auffallend weitverbreitete Ansicht. Bei einigen Stämmen sind Fleisch und bestimmte Bohnensorten, die wegen ihres Proteinreichtums zur Bedarfsdeckung beitragen könnten, für Schwangere verboten, weil deren Genuß zur Geburt eines ödematösen Kindes führe. Aufgrund von Analogieassoziationen ist auch das Fleisch von Tieren, deren Eigenschaften verachtet werden, verboten, weil man einen schädlichen Einfluß auf den Charakter des Kindes befürchtet.

Unwissenheit, Aberglaube und Tabus umgeben die Betroffenen als Schreckgespenster. Die ethnologischen Fakten, die bisher zusammengetragen worden sind, bleiben unwirksam, wenn man nicht daraus Konsequenzen zu ziehen versucht.

Nicht schädliche traditionell und landsmannschaftlich bedingte Sitten, Notsituationen und Unwissenheit müssen vom Tabu unterschieden werden. Zu unterscheiden ist auch zwischen einwandfrei schädlichen Sitten und solchen, die zwar fremdartig wirken, aber den lokalen Verhältnissen angepaßt sind.

SPEZIELLER TEIL

9. Welthandel mit Nahrungsgütern im Blickpunkt der Nahrungsversorgung

9.1 Typische Handelsprodukte einzelner Länder

Die entwicklungsfähigen Länder exportieren eine Vielzahl landwirtschaftlicher Erzeugnisse, seien es solche aus tropischen oder aus gemäßigten Zonen, Lebensmittel oder Rohstoffe. Der Handel mit Agrarprodukten aus der gemäßigten Zone beschränkt sich vornehmlich auf nord- und südamerikanische Länder. Die USA und Kanada sind an erster Stelle zu nennen. Argentinien und Uruguay ragen mit ihren Exporten an Getreide, Fleisch, Häuten, Fellen und Wolle hervor. Die übrigen Länder, vor allem soweit sie in tropischen Regionen liegen, produzieren vornehmlich Kaffee, Kakao, Tee, Rohrzucker, Gummi, Reis, Baumwolle, Jute, Ölsaaten und Bananen. Brasilien ist der wichtigste Produzent von Kaffee, Rohrzucker und Bananen. Die Rohrzuckerproduktion findet man außerdem in Westindien und im Fernen Osten. Die Kaffeeerzeugung ist im östlichen wie im westlichen Afrika bedeutend. Ghana, Brasilien und Nigeria erzeugen den größten Teil des Weltkakaoangebotes. Die Teeproduktion ist weitgehend auf Indien, Ceylon und Pakistan konzentriert; Ostafrika gewinnt hierbei an Bedeutung. Das Zentrum der Welt-Kautschukgewinnung verlagerte sich zu Beginn dieses Jahrhunderts von seiner eigentlichen Heimat in Brasilien auf Malaysia, Indonesien, Ceylon sowie weitere asiatische Länder. Die Philippinen und Indonesien dominieren in der Welterzeugung von Kopra. Westafrika stellt die wichtigste Quelle der übrigen bedeutenden pflanzlichen Ölproduktion der entwicklungsfähigen Länder dar, vor allem hinsichtlich Erdnuß- und Palmölerzeugnissen.

Der Export vieler entwicklungsfähiger Länder ist ferner durch die enge Spezialisierung auf nur ein Produkt oder wenige Produkte gekennzeichnet. Ghana hängt weitgehend von der Ausfuhr von Kakao ab. Für Liberia gilt ähnliches in bezug auf Kautschuk, für Senegal auf Erdnüsse. Die Elfenbeinküste und Togo sind vom Export an Kakao und Kaffee, Uganda von Kaffee und Baumwolle, Pakistan von Jute abhängig.

Die Ursachen für diese Spezialisierung können in der geographischen Situation des jeweiligen Landes, den dort vorherrschenden sozialen Gegebenheiten, den politischen Bindungen an die wichtigsten Einfuhrländer gesehen werden. Die meisten Exportprodukte werden ausschließlich zu Verkaufszwecken erzeugt. Die Absatzeinrichtungen sind wesentlich höher entwickelt als diejenigen für Produkte des inländischen Verbrauchs.

9.2 Weizen

Der größte Weizenerzeuger ist die Sowjetunion. Sie nimmt etwa ein Viertel der Welt-Weizenernte, die fast 400 Mill. t beträgt, für sich in Anspruch. Doch ist die Sowjetunion in einigen Jahren auch der größte Importeur von Weizen gewesen. 1972/73 hat sie allein mehr als 20% des auf der Erde insgesamt exportierten Weizens aufgekauft (14,8 von 67,6 Mill. t). Damit wurden am internationalen Weizenmarkt gewaltige Preissteigerungen ausgelöst. Der sowjetische Weizenimport unterliegt je nach dem Ernteausfall starken Schwankungen. Ein Teil des dortigen Importweizens wird aber aufgrund von Lieferverpflichtungen gegenüber Comecon-Ländern und anderen Staaten wieder exportiert. In den sieben wichtigsten Weizenerzeugungsländern (UdSSR, USA, China, Indien, Frankreich, Kanada, Türkei) mit jeweils mehr als 10 Mill. t ist für das letzte Jahrzehnt eine starke Aufwärtsentwicklung zu registrieren.

An zweiter Stelle in der Erzeugung stehen die USA. Sie erzeugen nur die Hälfte von dem der Sowjetunion. Dieser große Abstand kann einen falschen Eindruck auslösen. In Wirklichkeit spielen die USA am Weizenmarkt die führende Rolle. Sie bestreiten den größten Anteil am Welt-Weizenexport. 1972/73 kam fast jede zweite auf dem Weltmarkt verkaufte Tonne aus den USA (32,2 von 67,6 Millionen Tonnen).

Der zweitwichtigste Exporteur ist Kanada, obwohl es bei der Erzeugung (noch hinter Frankreich) nur den sechsten Platz einnimmt. Ohne das Exportangebot dieser beiden nordamerikanischen Länder wäre die Versorgung mancher Länder ernsthaft gefährdet. Das hat sich in den letzten Jahren mehrfach gezeigt, als Mißernten vielerorts den ohnehin üblichen Importbedarf noch erhöhten. Die seit Mitte 1972 ungewöhnlich stark gestiegenen Preise, die den hohen Zusatzbedarf signalisierten, haben vor allem in den traditionellen Überschußländern zu einer erheblichen Mobilisierung der Anbaureserven geführt.

An der Spitze standen auch dabei Kanada und die USA, deren Hauptsorge es bislang gewesen war, mit Hilfe von Prämien Anbauflächen stillzulegen. In den USA waren von 1961 bis 1970 über 15% der ackerbaulich genutzten Fläche stillgelegt worden. Durch den Anbau von Hybridweizensorten sind bedeutende Fortschritte in bezug auf die Anhebung der Erträge erzielt worden. Proteinreichere Weizensorten haben zwar einstweilen noch einen geringeren Ertrag, was ein Hindernis für deren Verbreitung ist, aber Kassandrarufe, wonach eine Zeit der Brotlosigkeit und andauernder Unterversorgung der Erdbevölkerung mit Weizen beginnen sollte, haben sich nicht bewahrheitet und dürften angesichts der Produktionsreserven in absehbarer Zeit unwahrscheinlich sein.

Die obere Grenze der Ertragsmöglichkeiten ist in den meisten Ländern bei weitem noch nicht erreicht worden. Zum Erreichen der augenblicklich als möglich angenommenen Ertragsleistungen ist aber die Finanzierung des benötigten Aufwands und die Wiederherstellung des Gleichgewichtes auf dem Weltmarkt durch internationale Zusammenarbeit und Abstimmung dringend erforderlich.

Die USA haben über 30 Jahre lang erhebliche Weizenvorräte gespeichert. Inzwischen sind diese zusammengeschrumpft. Anzeichen deuten darauf hin, daß die USA zur Aufbewahrung und Finanzierung größerer Vorräte nicht weiter bereit sind. Die Bevorratung ist jedoch eine entscheidende Voraussetzung für das Funktionieren eines Welternährungssicherheitsplanes.

9.3 Futtermittel

Die Getreideproduktion erreicht fast die Hälfte der landwirtschaftlichen Erzeugung und dürfte auch zukünftig zu einer Erhöhung des Futtermittelbedarfes beitragen. Gering ist immer noch der Anteil neu entwickelter Getreidesorten mit hohem Gehalt an Aminosäuren, wie Weizen mit mindestens 14% Protein, Triticale, Opaque-2 Mais. Es ist anzunehmen, daß die Getreideverfütterung in Europa, im Maisgürtel, in weiten Teilen der USA und in den Entwicklungsländern, die Getreide vom Weltmarkt beziehen können, weiter zunehmen wird.

Maniokwurzeln, in Form von Stärkemehl und Pellets für Futterzwecke ergänzen mehr und mehr das Futtermittelangebot. Schweine- und Geflügelmastfutter können für das letzte Maststadium eine Verdopplung an Maniok (bis zu 30—35%) enthalten. Einige westeuropäische Länder haben bereits Maniokwurzeln in größeren Mengen importiert. Die Produktionsausweitungsmöglichkeit läßt sich mit Daten der CIAT-Versuchsstation in Kolumbien belegen, wo 75 t/ha — gegenüber dem Durchschnittsertrag der Erde mit 9 t/ha — erzielt wurden. Die proteinreichen Blätter sind nicht nur für polygastrische, sondern auch für monogastrische Tiere sowie für Menschen verwertbar.

Daneben ist auf die steigende Bedeutung der Süßkartoffel zu verweisen.

Eine Vergrößerung des Welthandels an der mit zahlreichen Unsicherheitsfaktoren belasteten Sojabohne hängt vor allem von der Produktionsausweitung in den USA und in Brasilien ab. In den USA betrug die Produktion in den letzten Jahren etwa 30 Mill. t, in Brasilien 2 Mill. t. Erwartet werden Produktionsmengen in den USA von mehr als 40 Mill. t und in Brasilien von fast 15 Mill. t. Andere Ölsaaten dürften in ihrer Bedeutung in erster Linie davon abhängen, inwieweit die weitere Entfernung von toxischen Substanzen, wie Glykoside und Phenole, gelingt. Erfolge zeichnen sich bei Gossypol in Baumwollsaatkuchen und bei Erucasäure in Rapsöl ab.

Der Welthandel mit Fischmehl ist rückläufig; wenngleich Fischmehl in größeren Mengen erzeugt werden könnte. Schätzungen besagen, daß jährlich mindestens 5 Mill. t Fischabfälle von Fabrikschiffen dem Meer überlassen werden. Das Angebot ist namentlich deshalb geringer geworden, weil synthetisches Methionin und Sojabohnen preislich günstiger angeboten werden. Fischmehl könnte gut für die Ergänzung von Getreide und Maniok eingesetzt werden.

Eine geringe Bedeutung in globaler Sicht haben industriell gewonnene Stickstoffverbindungen, wie Harnstoff, Aminosäuren, Einzellerprotein. Gut zu verwenden wären diese als Komplementärprodukt zu Soja und für einen rationelleren Verbrauch von rohfaserreichen Futtermitteln. Fütterungsversuche an der FAL in Braunschweig-Völkenrode ergaben, daß selbst bei hochleistenden Milchkühen 20% des natürlichen Futterproteins durch Futterharnstoff ohne Leistungsabfall ausgetauscht werden konnte.

Die OECD (1976) prangert zu Recht die jetzt übliche Futtermittelverschwendung an. Tab. 11 zeigt das Volumen einiger tierischer Erzeugnisse aus 1 Mill. t Futtergetreide im Zeitraum von 1971—1973.

Tabelle 11 *Tierische Erzeugnisse je Mill. t Futtergetreide*

	(1000 t)			
	EG	Japan	USA	UdSSR
Rindfleisch	77	25	70	60
Milch	1335	445	376	883
Schweine-, Geflügelfleisch, Eier	190	302	117	97

Quelle: OECD (1976)

9.4 Milch und Milcherzeugnisse

Kuhmilch nimmt etwa 90% der Weltmilchproduktion ein; Büffel-Kühe, Schafe und Ziegen liefern den Rest. Im Welthandel dominieren daher auch Erzeugnisse von Kuhmilch.

Der Handel mit Butter und Käse vollzieht sich weitgehend zwischen entwickelten Ländern. Von Kondensmilch, Trocken- und

Sterilmilch gelangen größere Mengen in Entwicklungsländer. Mit einer Steigerung der Nachfrage ist besonders in rohstoffreichen Ländern und in den OPEC-Ländern zu rechnen.
Ein beachtlicher Teil des wachsenden Importbedarfes der Entwicklungsländer erfolgt bisher zu Vorzugsbedingungen. Die Situation ist auch für die nächste Zukunft zu erwarten; vor allem dann, wenn in entwickelten Ländern eine weitere Überproduktion vonstatten gehen sollte.
Gleichzeitig müssen die Entwicklungsländer zur Verbesserung ihrer Versorgungslage die eigene Produktion steigern, und unterdessen auch die Importmengen aus entwickelten Ländern erhöhen. Ob die Importe auf kommerzieller Grundlage erfolgen können ist ungewiß. Ob andererseits Lebensmittelhilfelieferungen ausreichen für die Bedarfsdeckung dieser Länder ist ebenso zweifelhaft.

Milchpulver

Auf die EG-Länder entfallen etwa 60% der Weltproduktion an Magermilchpulver. In den letzten Jahren nahm dort die Erzeugung jährlich um annähernd 5% zu. Wahrscheinlich wird der Anteil der EG-Länder an der Weltproduktion weiter ansteigen. 70 bis 80% der Magermilchproduktion dienen der Verfütterung. Dies ist nur mit Hilfe hoher Subventionen möglich, da infolge des hohen Interventionspreises dieses Produkt auf dem Markt nicht wettbewerbsfähig wäre. Die künftige Entwicklung der Verwendung wird also auch von der Höhe der gewährten Subventionen abhängen. Der Verbrauch für die menschliche Ernährung ist gering.

Die anderen westeuropäischen Länder erzeugen und verbrauchen auch nur geringe Mengen an Magermilchpulver. Das trifft ebenfalls für Süd- und Osteuropa zu. In Nordamerika wird Magermilchpulver nur in geringem Umfang in der tierischen Ernährung verwendet. Die Nachfrage für die menschliche Ernährung könnte noch ansteigen, falls sich die Preise für Trinkmilch spürbar erhöhen würden.
Vollmilchpulver wird teils für industrielle Zwecke, teils zur Herstellung von Kindernahrung verwendet. Die Produktion beschränkt sich vorwiegend auf Gebiete mit modernen Molkereibetrieben. Die Produktion ist in den letzten Jahren in den ost-

europäischen Ländern stärker angestiegen als in den westeuropäischen und OECD-Ländern. Auch einige Länder Lateinamerikas (Venezuela) weiten ihre Erzeugung aus. Die Nachfrage bei sozialen Schichten mit gehobenem Einkommen dürfte vermutlich ansteigen. Die Wachstumsrate der Erzeugung hängt von den Preisverhältnissen zwischen Butterfett, Magermilch- und Vollmilchpulver ab.
Im internationalen Handel spielt auch Molkenpulver in den letzten Jahren eine gewisse Bedeutung. Es ist anzunehmen, daß sich die Nachfrage für die menschliche Ernährung in Wohlstands- sowie in Entwicklungsländern erhöht.

9.5 Fleisch

Fleischerzeugung und Fleischverbrauch stützen sich im Welthandel weitgehend auf Rindfleisch. Es nahm 1970 50% der Exporte für sich in Anspruch (FAO 1970). Schweinefleisch erreichte 27%, Schaffleisch 14%, Geflügelfleisch 9%. Fleisch wird größtenteils lokal produziert und verbraucht. Am höchsten ist der Anteil der auf den Außenhandel entfällt bei Schaffleisch mit 10%, es folgen Rind- 8%, Schweine- 4%, Geflügelfleisch 3%.
Der Fleischkonsum basiert in weitem Maße auf dem einheimischen Angebot. Länder mit günstigen Produktionsvoraussetzungen für Rind- und Schaffleisch — trotz unterschiedlicher Wirtschaftsentwicklung — wie einerseits USA, Australien, Neuseeland, andererseits Argentinien, Uruguay, haben den höchsten Konsum je Einwohner. Demgegenüber ist der Fleischverbrauch in Ländern mit reichlichem Fischangebot als gering zu bezeichnen (Japan, Skandinavien, Portugal).
Bei Rindfleisch steht einer großen Produktion eine unsichere Nachfrage gegenüber. Diese wird durch Zyklen — wie bei allen Fleischarten — zusätzlich beeinflußt.
Zyklen bei der Fleischerzeugung zeigen sich in der Weise, daß bei höheren Erzeugerpreisen die Produzenten den Viehbestand halten. Sie verstärken damit de facto die Verknappung und fördern eine weitere Preiserhöhung. Darauf folgt eine stagnierende, meist eine rückläufige Nachfrage. Produzenten mit unterdessen größer ge-

wordenen Beständen verkaufen dann ihr Vieh und tragen zu einer Schwemme bei, die von Preiseinbrüchen begleitet wird. Damit setzt sich der Zyklus fort.
Die EG, Australien, Neuseeland und Jugoslawien haben Maßnahmen ergriffen, die den Einfluß der Zyklen mildern sollen. Sollten diese erfolgreich sein, dürfte die Rindfleischproduktion einer Förderung entgegengehen. Zumindest werden sich die Preisunterschiede dann verringern.
Die für Schaffleisch konventionellen Exportländer Australien und Neuseeland haben noch große Produktionsreserven. Exporte gelangen nach Großbritannien, Japan, Nordamerika; daneben in die arabischen Länder, in denen die erforderlichen Infrastrukturen, namentlich Kühlhäuser, noch fast vollständig fehlen, um diese Fleischmengen sachgerecht der Distribution zuzuführen.
Der Welthandel mit Schweine- und Geflügelfleisch wird im Vergleich zu dem mit Rind- und Schaffleisch gering bleiben. Schweinefleischkonserven von Europa in die USA und Geflügelimporte in Länder des Mittleren Osten dürften auf weltweiter Basis die größte Bedeutung haben. Bei beiden Fleischarten zeichnet sich gegenwärtig im internen Handel der einzelnen Gemeinschaften der größte Anteil am Welthandel ab.

9.6 Bestimmungsgründe für Handelsbeziehungen

Bei der Analyse einzelner Handelsbeziehungen lassen sich Erzeugnisse der entwicklungsfähigen Länder unterscheiden, die lediglich komplementär zu ähnlichen Erzeugnissen der Importländer sind, und solche, die für keine direkten Substitute in diesen Ländern verfügbar sind. Die Industrienationen der gemäßigten Klimazone sind wichtige Erzeuger von Produkten, wie Weizen, Früchte, Gemüse, Fleisch und anderen tierischen Proteinlieferanten. Die meisten tropischen und subtropischen Erzeugnisse konkurrieren nicht direkt mit denen der Landwirtschaft der Importländer.
Technologische Entwicklungen haben einen besonderen Einfluß auf die Nachfrage nach Rohstoffen agrarischer Herkunft. Aus den USA ist bekannt geworden, daß ungefähr ein Viertel der Verkäufe

einiger Lebensmittelfirmen noch vor 10 Jahren aus Produkten bestand, die es wiederum zehn Jahre früher noch nicht gegeben hat. Eine derartige Entwicklung hat Rückwirkungen auf die Nachfrage nach einzelnen Rohstoffen. Neue Produktionsverfahren oder Methoden der Präsentation tragen dazu bei, das Verbrauchsvolumen landwirtschaftlicher Erzeugnisse, die schließlich in verarbeiteter Form den Verbraucher erreichen, zu beeinflussen.

Rohstoffe, wie Kautschuk, Faserstoffe, Häute und Felle stehen in Wettbewerb mit synthetischen Produkten. Ihr Marktanteil spiegelt ihre technischen Eigenschaften und die Verbraucherpräferenzen wider. Würde man die Erzeugung synthetischer Produkte beschränken, bedeutete dies eine starke Beeinträchtigung des technischen Fortschritts.

Bestimmend für den jeweiligen Marktanteil einzelner Entwicklungsländer ist neben der Wettbewerbsfähigkeit eine Reihe anderer Faktoren. Einer der wichtigsten Bestimmungsgründe sind die jeweiligen Präferenzen durch Zölle und andere Instrumente, die einige Hauptimportländer angesichts spezifischer politischer Verhältnisse einzelnen Anbieterländern gewähren. Beispiele dafür sind die Präferenzzonen des britischen Commonwealth sowie die Außenhandelsbedingungen zwischen der EG und den assoziierten Staaten. Auch die USA praktizieren Begünstigungen sowohl gegenüber bestimmten Waren als auch gegenüber ausgewählten Ländern. Für den Handel mit Zucker haben verschiedene Präferenzabkommen große Bedeutung. Nahezu zwei Drittel des Welthandels werden auf ihrer Grundlage getätigt. Große Zuckermengen werden unter den Bestimmungen des Zuckergesetzes der USA gehandelt. Es hat die Zielsetzung, lohnende Preise für die inländischen Rüben- und Rohrzuckererzeuger zu gewährleisten.

Die Situation im Außenhandel der entwicklungsfähigen Länder zeigt in den letzten Jahrzehnten beunruhigende Aspekte. Unmittelbar vor dem Zweiten Weltkrieg kam wertmäßig ein Drittel der gesamten Weltausfuhr aus diesen Ländern. Nach der ersten Nachkriegsperiode war dieser Anteil noch höher. Innerhalb der beiden letzten Jahrzehnte vermochten die Exporte dieser Länder wert- und mengenmäßig nicht mit dem Exportzuwachs der entwickelten Länder Schritt zu halten. Ihr Anteil fiel trotz einer rapiden Zunahme der Erdölexporte auf weniger als ein Viertel des gesamten Außenhandels der Welt.

Die unterschiedliche Entwicklung im Außenhandel der beiden Ländergruppen kann weitgehend durch die Veränderungen auf den Weltmärkten für industrielle bzw. primäre Produkte erklärt werden. Der Außenhandel mit Lebensmitteln wurde durch Förderung der heimischen Landwirtschaft in den wichtigsten Importländern in Form von Preissubventionen und durch technische Fortschritte beeinflußt, die zu steigenden Erträgen je Fläche und Nutztier führten. Während der Nachkriegsperiode wurden zwar viele Handelsbarrieren für Industrieprodukte, insbesondere im Rahmen des GATT, abgebaut, ohne jedoch in ähnlicher Weise den Handel mit landwirtschaftlichen Produkten zu fördern. Ungünstiger als das geringe Gesamtwachstum des agrarischen Welthandels ist das Zurückbleiben des Agraraußenhandels der entwicklungsfähigen Länder im Verhältnis zu demjenigen der entwickelten Volkswirtschaften zu werten. Der Außenhandel der entwicklungsfähigen Länder mit agrarischen Rohstoffen ist schwächer gewachsen als der mit Lebensmitteln.

Bei dem engen Zusammenhang aller Wirtschaftszweige ist eine Erhöhung der landwirtschaftlichen Produktivität und damit eine Milderung der insbesondere in ländlichen Gebieten ausgeprägten Armut ein primäres Gebot. Primitive agrarische Produktionstechniken sind zu verbessern, wirtschaftliche Voraussetzungen zur Produktionsausweitung zu schaffen und die sozialen Verhältnisse den Entwicklungserfordernissen anzupassen.

Die sozio-ökonomischen Verhältnisse hängen stark vom Anteil der in der Landwirtschaft Tätigen an der Gesamtbevölkerung ab. Die Völker in entwickelten Regionen erreichen im Durchschnitt einen Anteil von 12,8%, die in entwicklungsfähigen aber 65,4%. Die folgende Aufstellung enthält einerseits Länder mit unter 10%, andererseits solche mit über 90%.

Zur Produktionsausweitung, Marktbelieferung und Außenhandelssteigerung müssen wirtschaftliche Anreize geschaffen werden. Es ist notwendig, daß eine Mehrproduktion auch zu tragbaren Kosten in die Bedarfszentren gelangt. Dazu gehören Fernverkehrsstraßen

Anteil der landwirtschaftlichen Bevölkerung über 90%

Land	1970
Tschad	90,2
Mali	91,0
Zentralafrikanische Republik	91,2
Niger	92,8
Ruanda	93,3
Nepal	93,9
Bhutan	94,4
Entwicklungsfähige Regionen	65,4

Anteil der landwirtschaftlichen Bevölkerung unter 10%

Land	1970
Kuweit	1,6
Großbritannien	2,8
Singapur	3,4
USA	3,7
Hongkong	4,3
Belgien	4,8
Malta	7,3
Bundesrepublik Deutschland	7,5
Luxemburg	7,7
Schweiz	7,8
Puerto Rico	8,1
Niederlande	8,1
Australien	8,1
Kanada	8,2
Schweden	8,3
Israel	9,7
Entwickelte Regionen	12,8

Quelle: FAO Statistics Series No. 2, Production Yearbook, Vol. 29, 35—38, Rom 1975

und Zubringerwege zu den Hauptverkehrsstraßen. Weiterhin ist der Aufbau einer Marktorganisation notwendig. Dem Genossenschaftswesen ist in den entwicklungsfähigen Ländern eine große Bedeutung beizumessen.

Als Beispiel einer Selbsthilfemaßnahme, die mit relativ einfachen Mitteln durchgeführt werden kann, kann der japanische Reisanbau genannt werden. Durch rationelle Bodenbearbeitung, intensive Düngung des bewässerten Reisanbaugebietes, Verwendung ausgesuchten Saatgutes und vollständige Unkrautbekämpfung gelang es, die Hektarerträge auf das Vierfache — teilweise auf über 100 dz/ha — zu erhöhen.

Für die tierische Produktion sind folgende Maßnahmen besonders relevant:

Parasiten- und Krankheitsbekämpfung;

Verwendung leistungsfähiger Zuchttiere durch Zuchtwahl oder Einfuhr leistungsfähiger Tierrassen;

Verbesserung der Fütterungsmethoden.

Die Förderung der Viehzucht und letzten Endes des Handels mit tierischen Produkten muß durch die Einrichtung von Molkereien, Schlacht- und Kühlhäusern ergänzt werden. Die im Wandel begriffenen Verhältnisse verlangen neue, elastische und anpassungsfähige Wirtschafts- und Sozialformen. Hierbei können die entwicklungsfähigen Länder nicht einfach westliche oder östliche Leitbilder übernehmen.

Es liegt nicht im Interesse der entwicklungsfähigen Länder, daß ihrer Agrarwirtschaft durch Druck auf die Agrarpreise und die Erwartung weiterer oder steigender Überschußlieferungen die mühsam geschaffenen Produktionsgrundlagen entzogen werden. Auf Lebensmittelhilfe werden auch in Zukunft mehrere Länder angewiesen sein. Sinnvoll verwendet eignen sie sich zur Bekämpfung der unzureichenden Nährstoffversorgung. Das ist eine schwierige Aufgabe, die eine großzügige internationale Zusammenarbeit voraussetzt. Wenn sie energisch und zielbewußt verfolgt wird, lassen sich Mittel und Wege finden, um sie zu bewältigen. Sie verfehlen freilich dort ihren Zweck, wo sie dazu beitragen, die Förderung der Agrarwirtschaft des betreffenden Landes ungünstig zu beeinflussen.

Bemühungen um gezielte Steigerungen der Lebensmittelproduktion sind unerläßlich. Sie werden sich primär auf vorhandene Nahrungsquellen zu erstrecken haben, wobei die Einschränkung der immer noch zu hohen Verluste bei der Ernte und Bevorratung zu den wichtigsten und auch relativ schnell zu erreichenden Maßnahmen gehört.

Daneben ist auf Nahrungsquellen zu achten, von deren Erschließung eine rasche Beseitigung der augenfälligen Nahrungsmängel zu erwarten ist. Es wird sich primär um pflanzliche Produkte handeln, da bei der Umwandlung pflanzlicher in tierische Erzeugnisse beträchtliche Veredlungsverluste in Kauf zu nehmen sind. Die Bedeutung tierischer Produkte liegt in ihrer höheren biologischen Proteinwertigkeit und ihrem Ergänzungswert für pflanzliches Protein. Die Tierfütterung darf vor allem keine Konkurrenz für die menschliche Ernährung bedeuten.

10. Pflanzenzucht

Neue Pflanzenzüchtungen, die allgemein unter der Bezeichnung „Grüne Revolution" bekannt geworden sind, versprechen in bezug auf die Brennwert- und Nährstoffversorgung erfolgreich zu sein. So sind Reissorten mit höherem Ertrag und Proteingehalt entstanden (Typ Japonica). Kurzstrohige und damit standfestere Hochleistungsweizensorten fanden mittlerweile in mehreren entwicklungsfähigen Ländern Eingang. Auch gelang es mit Hilfe von Mutanten, Maispflanzen mit höherem Anteil an Lysin und Tryptophan zu züchten. Erwachsene können mit solchem Mais ihren Bedarf an essentiellen Aminosäuren decken, wenn sie täglich 300 bis 350 g davon aufnehmen. In Kolumbien stellte man fest, daß Kwashiorkor bei Kindern nach einer solchen Diät verschwand.

Man kann den Mangel an essentiellen Aminosäuren auch dadurch ausgleichen, daß man zusätzlich zum Mais kohlenhydratarme Lebensmittel gibt. Bei Sojabohnen sind im Aspekt einer höheren Proteinwertigkeit Formen mit höherem Methioningehalt im Mittelpunkt des Interesses, bei Gerste lysinreichere Sorten. Bei der Kreuzung von Getreidearten konnten ebenfalls Fortschritte erzielt werden. Triticale, eine Kreuzung aus Weizen und Roggen, erweist sich insbesondere in der Geflügelfütterung den anderen Getreidearten überlegen.

Mit Hybridmaissorten konnte der Anbau in nördlicher gelegene Gebiete, die bis dahin klimatisch ungeeignet waren, vordringen. Hybridzüchtungsprogramme bestehen bereits bei Selbstbefruchtern, wie Weizen, Roggen, Sorghum, Gerste. Durch solche Hybridsorten werden bei unseren konventionellen Brotgetreidearten Roggen und Weizen Ertragssteigerungen — in bezug zu jetzigen Durchschnittserträgen — von 25% für möglich gehalten. Hardy und Havelka (1975) halten die Übertragung des symbiontischen N-Bindungsvermögens auf tropische Gräser, selbst auf übliche Getreidearten, für möglich. Auch ist eine bessere Verwertung der Sonnenenergie infolge Photorespiration und der Einsatz von chemischen Reifungsbeschleunigern bei Getreide in absehbarer Zeit zu erwarten.

11. Produktionsfaktor Wasser

Über eine Milliarde Menschen im Bereich um den Indischen Ozean und das Südchinesische Meer — von China abgesehen — sowie in Lateinamerika und Afrika sind ohne Trinkwasserleitung und Kanalisation. Im Innern von Lateinamerika holt man das Trinkwasser in Blechkanistern — teilweise kilometerweit — aus den wenigen einwandfreien Quellen und Brunnen. Zum Teufelskreis von Armut, Analphabetentum und Krankheit tritt der Kampf um Wasser.

Weite Landflächen sind zu dünn besiedelt und die Entfernungen zu groß, um sie durch Wasserleitungen zu überbrücken. Auch können die Bewohner das Geld dafür nicht aufbringen. Infolge Fehlen von sanitären Einrichtungen sind die fließenden Gewässer verseucht. Immer noch sind zahlreiche Bewohner dieser in Frage stehenden entwicklungsfähigen Länder Analphabeten, denen es an Verständnis fehlt, weshalb sie sich anstrengen sollen, überkommene Sitten in bezug auf Wassergewinnung, -verwertung und Trinkwasserkonsum zu ändern. Das hat zur Folge, daß zu wenig Wasser für die Versorgung der Bevölkerung zur Verfügung steht.

Wasser ist jedoch der am wenigsten entbehrliche Nahrungsbestandteil. Eine ausreichende regelmäßige Aufnahme ist eine elementare Voraussetzung für die Leistungsfähigkeit. Unzureichende Wasserzufuhren führen zum Schwund des für Stoffwechselprozesse erforderlichen interstitiellen Wassers. Trinkwasser ist folglich indirekt ein wichtiger Produktionsfaktor. In vielen Anbaugebieten können keine genügend hohen Ertragsleistungen pflanzlicher Produkte erzielt werden, da Wassermangel prinzipiell oder zumindest in entscheidenden Vegetationsphasen der eigentliche wachstumsbegrenzende Faktor ist. Nach Berry (1975) unterscheiden sich die Nutzpflanzenarten in bezug auf ihre Wasseransprüche in weiten Grenzen. Der Transpirationskoeffizient[1] für Mais beträgt 200—400 im Vergleich zu 400—700 für Getreide oder gar 700—900 für Luzerne.

11.1 Ertragssteigerung auf Bewässerungsflächen

Die am dichtesten besiedelten Areale der Erde sind im Nildelta (4000 Menschen je km²). Dann folgen Gebiete in Japan (2000 bis 2500 Menschen je km²). Ähnliche Verhältnisse sind auf Java, dessen Siedlungsraum ebenfalls durch vulkanische Gebirge eingeschränkt wird. In der Küstenzone leben mehr als 1000 Menschen je km². Dabei handelt es sich ausschließlich um fruchtbares Bewässerungsland. Japan, Indonesien und weite Teile von China haben ein feuchtwarmes, wachstumsförderndes Klima. Die lokale Bevölkerungsdichte ist zum Teil auf das derart verwertete Wasser zurückzuführen.

Die Gefahr einer Nährstoffunterversorgung wäre geringer, die Ernährung diesbezüglich betroffener Völker bei stürmischer Bevölkerungsvermehrung auch quantitativ günstiger, wenn es gelänge, die Ernteerträge auf vorhandenen Bewässerungsflächen auszudehnen sowie weitere anzulegen. Wasser als ein wichtiger Produktionsfaktor entscheidet mit über Gesundheit und Wohlstand der dort lebenden Menschen.

Ein Wasserversorgungsprojekt im *Naktong*-Flußbecken in Korea, das sich über 32 000 km² erstreckt, befaßt sich auch mit dem zusätzlichen Problem des periodischen Einströmens von Meerwasser.

Das Wasser in *Afghanistan,* das dolomithaltigem Muttergestein entquillt, enthält etwa 10mal soviel Natrium wie Kalium und doppelt soviel Magnesium wie Kalk. Dieses Wasser vermindert die Porosität des Bodens und läßt ihn beim Austrocknen hart und dicht werden. Das Wasser des *Indus* ist für Bewässerungszwecke besser geeignet. Es enthält insbesondere mehr Kalk als Kochsalz. Der *Murray* in Australien hat einen noch geringeren Salzgehalt, aber auch einen geringeren Gehalt an Kalk. Der *Nil* hat im Sudan

[1] Transpirationskoeffizient = kg Wasser zur Erzeugung von 1 kg Trockensubstanz

einen extrem niedrigen Salzgehalt. Kalk fehlt dort fast vollständig. Der *Colorado* in den USA enthält nur 0,03% Natriumsalze und 0,04% sonstige Salze.
Das übliche Bewässerungswasser ist trüb und enthält Schlamm sowie organische Bestandteile. Der Schlamm ist Träger der Fruchtbarkeit auf den Bewässerungsfeldern. In ihm sind große Mengen an Stickstoff, Kalium, Phosphat und Kalk. Diese Hauptmasse des Schlammes besteht aus Sand, Kalk und Tonerde. Die organischen Bestandteile in Fäulnis übergegangener Pflanzenreste und niederer Lebewesen sind mit Krankheitskeimen, Wurmeiern und Parasiten durchsetzt. Die einfachste Bewässerungstechnik leitet das Flußwasser durch Kanäle ab und läßt die Parzellen mehrmals jährlich überfluten.
Die Bewässerung mit Hilfe von Talsperren und Staudämmen aus Beton änderte diese jahrtausendalten Bewässerungsverhältnisse und -gewohnheiten. Die im Flußwasser mitgeführten organischen Stoffe setzen sich bereits am Grund der Stauseen ab. Das Bewässerungswasser führt daher keinen Schlamm mehr. Es ist zwar meist hygienisch einwandfrei, hat aber auch keinen Düngewert mehr. Die Stauseen müssen regelmäßig und systematisch gereinigt werden, um der Gefahr des Verschlammens entgegenzuwirken.
Das Bewässerungswasser nimmt auf dem langen Weg von der Quelle zum berieselten Feld aus den Gesteinen, die es durchfließt, lösliche Bestandteile auf. Je nach Art des Gesteins enthält es mehr Chloride oder Sulfate, Calcium und Kalium oder mehr Natrium und Magnesium. Im tropischen Trockenklima muß die Bewässerung wegen starker Verdunstung bis zu 5000 l Wasser/m² aufbringen, was einer Regenhöhe von 5000 mm gleichkommt. Im feuchtwarmen Südostasien, wo 2000 mm Regen/a fallen, werden die Reisfelder trotzdem noch zusätzlich mit 600—700 l Wasser/m² bei 2 Ernten im Jahr bewässert, der Frühjahrsreis nur kurz, der Herbstreis ausgiebig.
Wird im Trockenklima das ganze Jahr über bewässert, kann jede Parzelle auf das äußerste ausgenutzt werden. Bei entsprechender Fruchtfolge werden 3—4 Ernten erzielt oder entsprechende Haupt- und Unterkulturen. Die Bodenbedeckung, durch die ein besonderes

Mikroklima herausgebildet wird, schafft eine feuchte Atmosphäre in Bodennähe. Sie wirkt sowohl der Verdunstung als auch der Versalzung entgegen. Spart man aber mit der Wasserzufuhr und der bodenbedeckenden Vegetation, reichert sich der Boden mit Salz an. Vor allem Natriumsalz steigt wieder an die Oberfläche mit fortschreitender Verdunstung und wird bei extremer Trockenheit zur weißen Salzkruste.

Wo im Wasserkreislauf eine Unterbilanz besteht und die Vegetation mehr Wasser verdunsten läßt, als die Niederschläge nachliefern, ist die künstliche Bewässerung auf den Grundwasservorrat des Bodens angewiesen bzw. darauf, daß Flüsse oder Kanäle das Wasser aus niederschlagsreicheren Gebieten heranbringen.

Es ist anzunehmen, daß der Salzgehalt des Bewässerungswassers in diesen Trockengebieten im Boden bleibt, wogegen das Wasser verdunstet. In regenreichen Gebieten besteht diese Gefahr nicht, weil Regenwasser die leicht löslichen Salze aus dem Boden ausschwemmt und über die Flüsse ins Meer gelangen läßt. Vor allem Natriumsalze sind leicht löslich. Diese werden von den meisten Pflanzen nicht vertragen, sobald sie im Boden überwiegen. Natrium gilt als unerwünscht für die zu bewässernden land- und gartenbaulichen Kulturen in Trockengebieten. Magnesium ist in zu hohen Konzentrationen ebenfalls unerwünscht. Außerhalb der Trockenzonen ist ein Gehalt von 0,01% Magnesium im Boden erträglich. Magnesium ist wegen seiner maßgeblichen Beteiligung an der Chlorophyllbildung ein essentieller Pflanzennährstoff.

Salzböden sind in den Trockengebieten ohne menschliches Zutun in weiten Gebieten entstanden. Sie entstehen noch immer, wo die Gewässer nicht in das Meer abfließen, sondern unterwegs verdunsten oder Binnenseen bilden. Ihr Salzgehalt macht solche Seen allmählich zu Salzseen, oder er bleibt im Boden und „blüht" bei fortschreitender Trockenheit an der Oberfläche aus. Dann bilden sich weißglitzernde Salzflächen, die nach einiger Zeit, durch Sandstürme zugeweht, zu Salzwüsten und Salzsteppen werden oder nach Regengüssen sich in Salzsümpfe verwandeln.

Infolge der großen Ausdehnung der Salzböden muß erst das Problem der Bodenversalzung gelöst werden. Es ist lösbar, indem

man genügend Wasser verwendet, das von Natrium- und Magnesiumsalzen frei ist. Das Wasser zu entsalzen, wäre zu teuer. Besser ist, weitere Ionen hinzuzugeben, die von den Bodenkolloiden stärker festgehalten werden und das Natrium dort verdrängen.
Überschußbewässerung ist nicht anwendbar, wenn im Untergrund bereits zuviel Salz oder Salzwasser vorhanden ist. Dann muß das Salzwasser abgepumpt und durch Kanäle ins Meer befördert werden.
Die großen Wassermengen, die gleichzeitig zur Bewässerung sowie zur Bodenentsalzung benötigt werden, können nur in Sonderfällen und lediglich vorübergehend dem Grundwasser entnommen werden. Der Vorrat der Erde an salzfreiem Grundwasser ist im Vergleich zur Gesamtwassermenge gering. Der Süßwasservorrat der Seen und Flüsse und das im Polareis gebundene Süßwasser sind demgegenüber sehr umfangreich.
In Trockengebieten läßt sich allein auf dem Grundwasser auf die Dauer keine ausgedehnte Bewässerung ermöglichen. Dieser Vorrat könnte sich sonst rasch erschöpfen. Anders ist es dort, wo zum Meer abfließende Grundwasserströme erfaßt werden, die sonst verlorengingen.

12. Bedeutung der Fischerei für die Ernährung der Erdbevölkerung

12.1 Definitionen

Unter der *Produktion eines Gewässers* versteht man die Gesamtmenge der in einem Gewässer hervorgebrachten lebenden organischen Substanz. Ihre Leistung wird auf die Erzeugungsfläche (ha) und auf die Zeit (Jahr) bezogen.
Die *Produktionskraft, Produktionsfähigkeit* oder *Produktionsmöglichkeit* ist die nicht voll ausgeschöpfte Potenz der Produktion.
Das für den Menschen wichtige Teilergebnis der Produktion ist der *Fischbestand.* Er ist die Gesamtheit der in einem Gewässer lebenden Fische aller Arten und Altersklassen. Der Fischbestand ist ein Mehrfaches des Zuwachses.
Zuwachs ist die Gewichtszunahme, die der Fischbestand erfährt. Der Zuwachs wird als Leistung auf die Fläche (ha) und auf die Zeit (Jahr) bezogen.
Fangerwartung ist der tatsächlich zu erwartende Fang. Sie kann auf eine bestimmte Besatzmenge bezogen sein und wird dann *relative Fangerwartung* genannt.
Überfischung ist ein fangtechnischer Eingriff in den Gesamtbestand mit der Folge einer nachteiligen Bestandsverminderung.

12.2 Nährstoffquelle Meer

Über die Möglichkeit einer verstärkten Nutzung menschlicher Nahrung aus dem Meer sind zahlreiche Untersuchungen angestellt worden und werden laufend ausgeführt. Der Maßstab der Nutzbarkeit eines Gewässers für die menschliche Ernährung ist seit alters her sein Fischreichtum. Fische bilden das Endergebnis einer langwierigen Nahrungskette. Sie beginnt durch die im Meerwasser gelösten anorganischen und organischen Nährstoffe. Sie

setzt sich über die in erster Linie kleine Algen fressenden Plankton- oder Bodentiere fort und wird schließlich von den Fischen geschlossen. In geringerer Menge werden auch andere Seeprodukte, wie Muscheln, Krebse, Tintenfische, Würmer, verzehrt.
Primärproduktion ist die von den Pflanzen mittels Sonnenenergie betriebene Umsetzung von Meersalzen. Im Meer gedeihen unzählige kleine Schwebe- und Bodentiere; ohne diese Fischnahrung gäbe es keinen Fischreichtum. Der Produktionsumfang eines Gewässers richtet sich folglich in erster Linie nach dem Umfang der Primärproduktion.
Seit dem vorigen Jahrhundert werden erhebliche Anstrengungen unternommen und in den letzten Jahrzehnten hohe finanzielle Mittel aufgewendet, um die Faktoren, die das Algenwachstum und damit die Produktivität im Meer bestimmen, zu erkunden. Es wurden Stickstoff- und Phosphatverbindungen gefunden, deren Reichtum oder Mangel zentrale Bedeutung zukommt. Namentlich tiefe Wasserschichten der Weltmeere enthalten große Vorräte dieser Nährstoffe an Stellen, wo durch Strömungen derart nährstoffreiches Tiefwasser nach oben befördert wird. In Schichten, in die noch ausreichend Licht für die Assimilation eindringt, entfaltet sich ein üppiges Plankton. Dort ist reichlich Fischnahrung vorhanden und dort liegen gute Fischfangplätze. Kalte Meere sind wesentlich fischproduktiver als warme.
Sind in der Zukunft vom Meer größere Fischmengen zu erwarten? Könnte der Fischertrag erhöht werden, indem man das Meer mit zusätzlichen Nährstoffen versorgt?
Das Meer läßt sich nicht düngen wie ein ländliches Areal oder ein Fischteich. Große Nährstoffmengen werden jährlich von Flüssen oder durch anhaltende Regenfälle vom Festland ins Meer abgeschwemmt. Unter Umständen zieht dies eine starke Planktonentfaltung nach sich, die aber auf einen schmalen Streifen direkt vor der betroffenen Küste oder trichterförmig vor Flußmündungen beschränkt bleibt. Das offene Meer bleibt davon unberührt. Auch der Gedanke, umgekehrt zur Produktion zu gelangen, also dem Meer die in der Tiefe gespeicherten Nährstoffe zu entnehmen, muß noch als Utopie angesehen werden. Dazu wäre die Umschichtung einer mehrere tausend Meter hohen Wassersäule zu

bewerkstelligen. Algen und kleine Planktontiere von Menschen direkt oder indirekt nach Veredlung verzehren zu lassen und damit dem verbreiteten Proteinmangel abzuhelfen, dürfte eine bessere Möglichkeit sein.

Die FAO hat die Weltmeere in 15 Sektoren eingeteilt, aus denen Experten Angaben über Über- und Unterfischung zusammentragen. Diese Unterlagen sollen mit dem Ziel analysiert werden, Höchstmengen zu bestimmen, die ohne Gefährdung der Bestände gefangen werden können.

Eine andere Gruppe von Sachverständigen erörtert die Möglichkeiten einer Neuorientierung der Fischereigremien der FAO, um diese wirksamer zu gestalten. Der beratende Ausschuß für die Erforschung der Meeresschätze (ACMRR) hat empfohlen, durch bessere Nutzung der Meere die Versorgung der Verbraucher mit Nahrungsprotein insbesondere in Entwicklungsländern zu verbessern. In Tansania und Nigeria wurde landwirtschaftliche Nutzfläche in größere Fischzuchtareale umgewandelt. Die Fischproteinerträge waren nach kurzer Zeit sehr viel größer als vorher der Fleischproteinanfall aus der Viehzucht.

In tropischen Sumpfgebieten kann in der Kombination Reisanbau und Fischzucht, indem Felder für den Reisanbau überflutet und mit Fingerlingen besetzt werden, eine vorzügliche Nährstoffquelle entstehen. Diese Fische werden gefangen, sobald das Wasser aus den Feldern abgeleitet wird, damit der Reis reifen kann. Sie können auch in neben den Reisfeldern angelegten Reservoirs aufbewahrt und nach Bedarf verwendet werden. So wichtig die Fischzucht auf Reisfeldern dort ist, wo es wenig anderes tierisches Protein gibt, so liegt ihr Wert nicht nur in den gefangenen Fischen, sondern auch in den günstigen Wirkungen auf die Reiserträge.

Gegen die Fischzucht sind allerdings auch Bedenken geltend gemacht worden, weil die Fischteiche Brutstätten für die Malaria verbreitenden Moskitos sein können. Neue Beispiele zeigen, daß die Teiche in tropischen und subtropischen Gebieten auch mit solchen Fischarten besetzt werden können, die Moskitolarven und solche Wasserpflanzen fressen, in denen die Larven heranreifen. Die Fische vertilgen auch die winzigen Krustentiere, die die sog. Guinea-Wurmkrankheit übertragen sowie die Schnecken, die die

Erreger der Bilharziose (ägyptische Wurmkrankheit) beherbergen.
Tierisches Plankton enthält 50 bis 60% Protein, 5 bis 15% Fett sowie mehrere Mineralstoffe und Spurenelemente. An eine rationelle Ausnützung in den Weltmeeren ist noch nicht zu denken. Man kann es nicht aus dem Wasser herausseihen. Das wäre zu aufwendig. Einzellige Algen, die wesentlich häufiger auftreten, sind ebenfalls zahlenmäßig noch zu gering. Die meisten lassen sich außerdem infolge ihrer mikroskopischen Größe nicht mit Netzen abfiltrieren. Diese Algen nutzen die zugeführte Nahrung in einem bei Landpflanzen unbekannten Maße aus. Mit Ausnahme der dünnen Zellmembran ist alles verdaulich. Bei der Zubereitung entstehen keinerlei Abfälle. Sie liefern außerdem größere Mengen an Vitamin A und C.
Der Anteil der Fischerei an der Erzeugung von tierischem Protein erreicht etwa 10%. Die Fischereierträge der Welt stiegen von 1900 bis 1970 von 4 auf über 60 Mill. t. Auf Lateinamerika entfielen einige Jahre etwa 25%. Dies war vor allem auf ungewöhnliche Zunahmen der Fischereierträge Perus zurückzuführen. Inzwischen ist der Anteil von Lateinamerika auf weniger als 10% gesunken. Europa ist zu etwa 1/3 an den Erträgen beteiligt. Über 80% der Produktion entfallen auf Seefische. Die Vergrößerung der Weltfischfänge geht in erster Linie auf die immer stärker befischten nördlichen Fanggründe Europas und die wiederaufgebaute japanische Fischerei zurück. Demgegenüber ist die Steigerung der Fischfänge vor Nordamerika und um Australien gering. In den südlichen Gewässern um Afrika zeigen sich höhere Erträge als in denen der nördlichen.
Vor einer sog. Überfischung in genutzten Fischfanggebieten wird häufig gewarnt. Mittels Erschließung neuer Fischgründe lassen sich die jährlichen Anlandungen von etwa 65 Mill. t (1975) auf 80 bis 100 Mill. t erhöhen. Schätzungen der optimalen Ertragsfähigkeit der Weltfischerei reichen bis zu 250 Mill. t pro Jahr.
Bei Nennung solcher Zahlen erhebt sich die Frage, ob dem Fischprotein in Zukunft tatsächlich die Bedeutung zufällt, die es ernährungsphysiologisch verdient. Nach der Nachfrage zu urteilen, vor allem wenn die in den meisten Ländern begehrten anderen

tierischen Proteinquellen vorhanden sind, ist wahrscheinlich mit einem weniger hohen Verbrauch zu rechnen. Mehrere Völker haben einen mittleren Verbrauch unter 5 kg je Kopf und Jahr — wovon de facto weniger als 3 kg verzehrt werden —, wenige andere mehr als 30 kg. Dementsprechend unterschiedlich ist die Bedeutung des Fischproteins für die Deckung des Proteinbedarfs (Tab. 6).

Große Aufgaben erwachsen der Industrie darin, entfettete und desodorierte Fischproteinkonzentrate zu gewinnen. Eine in Schweden entwickelte Anlage zur Fischverarbeitung, die an zahlreiche Fischfangflotten und fischverarbeitende Betriebe geliefert wurde, ist erwähnenswert. Andere Fischproteinprodukte werden in den USA, Kanada, Peru, der Sowjetunion, Japan hergestellt.

In den USA wird unter der Deklaration *Fischproteinkonzentrat* (FPC) ein Produkt mit einem Proteingehalt von 75% vertrieben und bereits in notleidenden Ländern für den menschlichen Verzehr eingesetzt.

Fischbrot stammt aus den an Chiles Küsten in großen Mengen vorkommenden schmackhaften Pejerry-Fischen. Man setzt dort große Erwartungen in das Produkt für den gesamten lateinamerikanischen Lebensmittelmarkt.

12.3 Süßwasserfische

Hohe Fischpreise und sinkende Weltmeer-Erträge lassen die Züchtung *„Arapaima gigas"*, des größten Süßwasserfisches der Welt aktuell werden. Der in den Gewässern des Amazonas heimische Arapaima, ein Raubfisch, wird bis zu fünf Meter lang. Er ist dort ein geschätzter Speisefisch, der in großem Umfang gefischt wird. In Brasilien hat man begonnen, die Bestände der Amazonas-Flüsse durch künstliches Erbrüten und Aussetzen von Fischbrut zu vergrößern und so das Fischereipotential dieses größten Süßwasser-Stromgebietes der Welt zu steigern. Die Fische aus dem Amazonas gedeihen im warmen Wasser prächtig. In etwa 3 Monaten erreichen diese Speisefische mehr als ein kg Gewicht.

Der Aufbau einer leistungsfähigen Fischzucht in tropischen Entwicklungsländern ist in erster Linie ein Bildungsproblem. In Mitteleuropa dürfte die Begrenzung der Kapazität durch den Produktionsfaktor Wasser ausschlaggebend sein.

Eine rationellere Nutzung vorhandener Süßwasservorräte ist dringend geboten. Im Vergleich zur Seefischerei sind die Erträge der Binnenfischerei noch unbedeutend. Jegliche Form der Aquakultur, alle Techniken, die der Kultivierung nützlicher Wasserorganismen dienen, verdienen eine intensive Förderung. Teichwirtschaft ist ein sehr flächenintensives und ökonomisches Produktionsverfahren. Nur in wenigen Ländern hat die Teichwirtschaft ein größeres Ausmaß erlangt. In wärmeren Ländern lohnt sich die Zucht raschwüchsiger Speisefische bei einer rationellen Kopplung von Reisanbau und Fischzucht. Doppelnutzung von Süßwasser auf diese Weise geschieht entweder im wachsenden Reisfeld oder nach der Reisernte.

12.4 Krill

In früheren Jahren wurden von den Blau- und Finnwalen in den Eismeeren der Antarktis die dort jährlich heranwachsenden schätzungsweise 200 Mill. t Krill größtenteils verschlungen. Ein Blauwal soll täglich einige Tonnen Krill verschlucken. Nachdem die Krillverzehrer weitgehend dezimiert sind, ist der Krill-Bestand in den letzten Jahren derart angewachsen, daß sein Fang lohnend geworden ist. Nach mehreren Schätzungen können jährlich rund 50 Mill. t ohne großen technischen Aufwand gefangen werden.

Nach Ansicht von Meeresbiologen und Fangexperten erfüllt der Krill wesentliche Voraussetzungen für ein wirtschaftliches und bestanderhaltendes Befischen. Die Krebse kommen in dichter Konzentration vor; mehrere kg je m^3 Wasser. Sowjetische Versuchsfänge erbrachten 12 t Krill/h. Das Einzeltier ist einige Zentimeter groß und erfordert keine feinmaschigen Spezialnetze. Krill hat hohe Wachstums- und Vermehrungsraten. Krill hält sich im Frühjahr und Sommer nahe der Wasseroberfläche auf. Von der deutschen Antarktis-Expedition wurden bis zu 60 t Krill gefangen. Ihre höchsten Fangergebnisse waren in Tiefen von 200 bis 300 m. Krillprotein ist reich an essentiellen Aminosäuren, Krill an Mineralstoffen und Spurenelementen. Krillöl enthält wertvolle Fettsäuren und Vitamine. Etwa zwei Drittel des Rohmaterials können zu einer Proteinpaste für den menschlichen Konsum, das übrige kann zu hochwertigem Mehl verarbeitet werden.

12.5 Fischmehl

Unter den Fischabfallprodukten ist besonders *Fischmehl* zu nennen, das aus Überschüssen von Fischfängen hergestellt werden kann. Fischmehl enthält bis zu 75% Protein von hoher biologischer Wertigkeit und ausgezeichneter Verdaulichkeit. Die Welterzeugung an Fischmehl beträgt in den letzten Jahren etwa 5 Mill. t, von denen rund die Hälfte exportiert wird. Peru ist seit vielen Jahren der größte Exporteur am Weltmarkt. Bedeutende Mengen an Fischmehl werden außerdem in Japan, USA, Süd- und Westafrika sowie Norwegen hergestellt.

Peru hatte noch 1971/72 bei einer Welterzeugung von 2 Mill. t einen Anteil von über 900 000 t, 1973 aber nur noch 400 000 t. Nicht völlig erklärbare Naturereignisse hatten die riesigen Fischschwärme von den ozeanischen Küsten vertrieben.

In dieser Fischmehlkrise verstärkten die USA, den Preisanstieg nutzend, ihre Exporte an Sojamehl um 25%. Sojaschrot wurde zu einem Monopol-Eiweißfutter für hohe Mast- und Qualitätsschlachtleistungen.

Der Fischmehlverbrauch der Landwirtschaft ist im Wirtschaftsjahr 1972/73 gegenüber dem Vorjahr um 268 000 t oder rund 47% auf 306 000 t gesunken. Das ist vor allem die Folge des starken Produktionsrückgangs um 248 000 t oder 44% auf 312 000 t. Die Einkaufspreise für Fischmehl mit 60 bis 65% Roheiweiß stiegen im Durchschnitt des Wirtschaftsjahres 1972/73 um 59% auf 118,20 DM je 100 kg.

Der Rückgang der Fischmehleinfuhren ging vor allem auf das Konto des Hauptlieferanten Peru, wo die Anchovis-Fischerei

wegen Ausbleiben der Fischschwärme eingestellt wurde. 1972/73 hatte Peru deshalb an den Gesamteinfuhren der Bundesrepublik Deutschland einen Anteil von nur noch 124 200 t (40%) gegenüber 411 500 t (73%) im vorangegangenen Wirtschaftsjahr.
Nach konventionellen Fütterungsmethoden benötigt man rd. 5 kg Futter für die Produktion von 1 kg Fleisch, nach rationellen Fütterungsverfahren beträgt die Relation etwa 3 : 1.

13. Neue Lebensmittel oder Nährstoffgemische

Die Bedarfs- und Nachfrageentwicklung an Energie und essentiellen Nährstoffen verläuft nicht parallel. Insbesondere zeigt sich, daß die Nachfrage an Protein, vor allem an biologisch hochwertigem, in Wohlstands- wie in Entwicklungsländern rascher wächst. Proteine tierischen Ursprungs sind zwar mit einem Umwandlungsverlust sowie mit einem höheren Preis belastet, aber aus sensorischen und weiteren Gründen mehr begehrt.

13.1 Höherwertiges Getreide

Eine höhere Ausbeute und ökonomischere Ausnutzung mehrerer konventioneller Proteinquellen sowie die Intensivierung dieser Produktion bieten sich insbesondere für Getreide- und Leguminosenarten an. Bei diesen Grundnahrungsmitteln liegt der elementare Ansatzpunkt für die Besserung der Ernährungslage der Erdbevölkerung. Die Realisierung dieses Zieles durch höhere Arbeits- und Flächenproduktivität ist auch finanziell vertretbar. Erwähnenswert ist in dem Zusammenhang z. B. der Mehrfachanbau, wie er in Taiwan in Form von zwei Reisernten und zusätzlich einer Sommer- oder Winterzwischenfrucht praktiziert wird. Mit Hilfe der Molekularbiologie dürften über Genbeeinflussungen Zuchtleistungen möglich werden, die bisher nicht für möglich gehalten wurden.
Der Proteingehalt der konventionellen Getreidearten ist relativ gering (10—12%). Dennoch stammt die menschliche Proteinversorgung zu einem großen Teil aus Getreideerzeugnissen, wie in Tab. 3 nachgewiesen wurde. In zahlreichen entwicklungsfähigen Ländern ist Getreide die weitaus wichtigste Proteinquelle. Die heutigen Sorten sind noch auf einen möglichst hohen Stärkegehalt gezüchtet. Dies trifft namentlich für Futtergetreide zu. Im Hin-

blick auf die wachsende Bedeutung des Proteins erfolgt eine Änderung des Zuchtziels. Die Körner solcher Neuzüchtungen weisen einen höheren Proteingehalt auf und enthalten insbesondere mehr Lysin. Maisprotein hat infolge seines niederen Gehaltes an Tryptophan und Lysin eine geringe biologische Wertigkeit. Durch Einkreuzen bestimmter Gene konnte der Gehalt an diesen beiden essentiellen Aminosäuren erhöht und damit die biologische Wertigkeit des Maisproteins verbessert werden. Auch eine Erhöhung des Proteingehaltes von Reis wird züchterisch an mehreren Stellen verfolgt.

In tropischen und subtropischen Gebieten sind die Verluste an Lebensmitteln und Rohstoffen besonders hoch. Schädlinge und Verrottung vernichten dort — mehreren Schätzungen zufolge — 25—30% der Erntemenge. Nach ANDREAE (1975) gehen auf Haiti 47% der gesamten Körnerfruchternte durch Lagerschädlinge und Krankheiten verloren. Eine Eindämmung derart beträchtlicher Verluste würde die verfügbaren Mengen an Protein und Energiewerten bereits merklich erhöhen. In manchen Ländern sind diese schon ausreichend im Aspekt einer wünschenswerten Verbesserung der Energie- und Proteinversorgung der dortigen Bevölkerung. Die Anwendung von Insektiziden sowie sachgerechte Lagerung der Getreideernte können weitgehend Abhilfe schaffen. Gleichzeitig sollen im Ernährungsgewerbe die Verluste an proteinreichen Rohstoffen auf ein Minimum reduziert werden.

Welchen Umfang die Erzeugung von Isoglukose, einem aus Getreide hergestellten flüssigen Stärkeverzuckerungsprodukt einnimmt, läßt sich noch nicht vorhersagen.

13.2 Ausnutzung der Proteine von Ölsaaten

Das Protein von ölreichen Samen wird technisch und ökonomisch bei weitem nicht optimal ausgenutzt. Die proteinreichen Preßkuchen dienen überwiegend als fast wertloses Abfallprodukt der Viehfütterung oder werden zur Düngung verwendet. Viele ölreiche Samen sind zugleich proteinreiche Rohstoffe. Die Bedeutung dieser noch nahezu brachliegenden Reserven wird dadurch erhöht, daß mit einer raschen Zunahme der Ölsaatproduktion zu rechnen ist. Die Verwertung derart großer Proteinmengen macht keine technischen Schwierigkeiten. Der größte Teil der ölreichen Samen wird jedoch heute noch aus entwicklungsfähigen Ländern in Industriestaaten verfrachtet, um dort vornehmlich zu Margarine aufgearbeitet zu werden. Die proteinreichen Nebenprodukte fallen nicht dort an, wo sie am dringendsten benötigt werden.

Früher angewendete Methoden zur Ausfällung von Gossypol, des Giftstoffs in der Baumwollsaat, waren überaus kostspielig. Neue Verfahren erlauben dagegen die rationelle Großerzeugung des proteinreichen Baumwollsamenmehls. Baumwollanbau ist in fast allen Ländern Afrikas, Südamerikas und Südostasiens verbreitet. Ein weiterer Vorteil ist der neutrale Geschmack des Baumwollsamenmehls. Es kann daher zur Proteinanreicherung anderer Lebensmittel benutzt werden. Mehl aus Sojabohnen ist dazu weniger geeignet, da es einen stärkeren Eigengeschmack besitzt.

Erdnuß-Proteinkonzentrate sind infolge geringen Gehalts an Methionin und Lysin in ernährungsphysiologischer Sicht nicht so wertvoll wie Baumwollsamenkonzentrate. Sie können mit Magermilch, Fischproteinkonzentrat oder synthetischen Aminosäuren aufgewertet werden. Produkte dieser Art sind in Nigeria unter der Bezeichnung „ARLAC" auf dem Markt. In Senegal wurde „LADYLAC" aus Hirsemehl, Erdnuß-Proteinkonzentrat, Magermilchpulver und Zucker als Säuglingsspeise eingeführt.

Die Schwierigkeiten für den Einsatz solcher Konzentrate sind nicht zu unterschätzen. Sie müssen den Konsumenten ansprechen, und in ernährungsphysiologischer Sicht den lokalen Lebensmittelkonsum ergänzen. Schließlich müssen sie so in die vorhandenen Vertriebskanäle eingeschleust werden können, daß sie diejenigen Verbraucher erreichen, deren Speisen zu wenig Protein enthalten. Oft dienen die Presskuchen zur Mischung mit Leguminosen, um deren Protein zu ergänzen. Bisher haben allerdings Mischungen, wie Incaparina, Peru-Mischung, Nebraska Freedom Meal, Multi Purpose Food, keine weite Verbreitung gefunden, da die landwirtschaftliche Bevölkerung dieser Länder fast keine Nahrung zukauft. Zu empfehlen sind geeignete Speisekombinationen mit proteinreichen Produkten des jeweiligen Landes, insbesondere

Leguminosen. Die Züchtung ertragreicherer und vor allem proteinreicherer Leguminosen von *unter* 10% auf *über* 20% Protein wird in mehreren Ländern betrieben.

13.3 Blattgrünprotein

Grüne Blätter von Kräutern, Sträuchern und Bäumen bieten eine weitere bisher wenig genutzte Proteinquelle. Sie hat ferner den Vorteil, den in manchen entwicklungsfähigen Ländern unzureichenden Konsum an Carotin zu vermehren. In Ostafrika ist die Verwendung von Cassavablättern üblich. TERRA (1964) berichtet, daß die Blätter von Amaranthaceen, Urticaceen, Leguminosen, Solanaceen, Curcurbitaceen für die menschliche Ernährung brauchbares Gemüse liefern. Allerdings verursacht die Gewinnung der Proteinkomponente aus diesen Gewächsen einstweilen noch wirtschaftlich nicht tragbare Kosten. Möglich ist es jedoch, aber vorläufig unwirtschaftlich, aus Blattpreßsaft durch Fällung Protein zu gewinnen. Biologische Wertigkeit und Verdaulichkeit von Blattprotein werden von MORRISON und PIRIE (1961) gut bewertet. Unangenehm ist ein typischer Heugeschmack, der einer direkten Nutzung dieser Reserven für die menschliche Ernährung hinderlich ist.

13.4 Fleisch und Fisch

Die Produktion von tierischen Veredlungsgütern ist zumeist in den Regionen unrationell, deren Bevölkerung eine unzureichende Proteinversorgung hat. Nicht unmittelbar nach der Schlachtung verzehrtes Fleisch wird in zu geringen Mengen sowie unsachgemäß konserviert und verdirbt. In vielen Gegenden könnte eine höhere Produktion die Ernährungslage nur dann verbessern helfen, wenn gleichzeitig eine sachgerechte Fleischkonservierung praktiziert würde. Die gleiche Situation ergibt sich bei Wildfleisch, das in größeren Gebieten ebenfalls einen Beitrag zur Schließung der Proteinlücke zu liefern in der Lage wäre. Wildfarmen (game farming oder game ranching) können je Flächeneinheit sogar höhere Fleischausbeuten liefern, als es bei Haltung von Fleischrindern möglich ist. Außerdem schont Wild durch die Nutzung verschiedener Pflanzen die Vegetation eines Gebietes mehr als das nur selektive Gräser bevorzugende Rind.

13.4.1 Steigerung der Fleischproduktion

Nach Mitteilung des US-Department of Agriculture wird eine Steigerung der Rinderzahl entsprechend der letzten 30 Jahre — von 11 auf über 40 Millionen — nicht ausreichen, den zukünftigen Weltfleischbedarf zu decken. Für die Nachzucht wäre es von Bedeutung, außerdem einfacher und kostensparender, wenn alle Kälber möglichst zur gleichen Zeit geboren würden. Mit künstlicher Befruchtung sind solche terminfixierten Massengeburten möglich. Bisher weniger erfolgreich sind Bemühungen, mit Hormonbehandlungen Mehrlinge zu erzeugen und so die Zahl der Kälber exponential zu steigern.
Die Möglichkeit einer Geschlechtsplanung der geborenen Kälber würde für die Fleischindustrie eine erhebliche Kostensenkung bedeuten. Bereits zwei Monate alte Stiere sind etwa 20 kg schwerer als gleichaltrige weibliche Kälber. Eine Geschlechtsplanung ist vorläufig nicht absehbar, theoretisch aber möglich, indem die Spermien in weibliche und männliche Komponenten getrennt und die Kühe dann entsprechend befruchtet würden. Durch geeignete Kombinationen sollen sowohl der Wert des Fleisches gesteigert als auch größere und schwerere Tiere gezüchtet werden.
Vor etwa 100 Jahren wurden auf einer Weidefläche in Südamerika pro Jahr 5 bis 10 kg Fleisch je ha produziert, heute sind es über 1200 kg. Die enorme Produktionssteigerung der letzten Jahre ist u. a. auf eine verbesserte Qualität der Futtermittel zurückzuführen. Nährstoffreichere Weiden allein werden das Problem der Fleischversorgung in Zukunft kaum lösen. Ist der Viehbesatz zu hoch, kann viel Gras zertrampelt und durch Tierausscheidungen unbrauchbar gemacht werden. Es wird also nötig sein, das Vieh temporär von den Weiden fernzuhalten. Man könnte eine 50prozentige Produktionssteigerung erzielen, würde man das hochwertige Gras ernten, dehydrieren, pressen und es in Pillenform an die Tiere verfüttern. Noch gewinnbringender wäre nach Meinung

eines Futurologen eine andere Methode der Tierfütterung: Ein Fließband, auf welchem sich die Rinder mit elektronisch gesteuerter Geschwindigkeit über die Weide bewegen. Die Abfallbeseitigung wäre dann problemlos. Das Gras könnte sich bis zum nächsten Besatz der Tiere wieder erholen.

13.5 Milch und Milchprodukte

VIRTANEN (1971) hat ein Verfahren entwickelt, das die Milchproduktion in Gebieten möglich macht, wo sie bisher nicht oder nur unter erschwerten Voraussetzungen zu realisieren war. Er fand, daß proteinreiches Kraftfutter für Kühe zu einem hohen Anteil durch Harnstoff ersetzt werden kann. Mit nur 20% des Stickstoffbedarfs in Form von Futterprotein und 80% in Form von Harnstoff erreichten die Versuchskühe jährlich eine Milchleistung bis zu 6000 l. Geruch und Geschmack der Milch der proteinarm gefütterten Kühe entsprechen der Milch von Tieren mit üblicher Fütterung. Dem Verfahren dürfte auch deshalb eine große Bedeutung zukommen, weil ein Teil des Futters Zellulose ist, der zur Aufschließung Ammoniumfumarat beigegeben wird. Ammoniakvergiftungen erfolgen nicht, da Ammoniak von den Bakterien unmittelbar aufgenommen wird. Der Cholesteringehalt der Milch von den mit Harnstoff und Ammoniumsalzen gefütterten Tieren ist niedriger als von Kühen, die Futter üblicher Zusammensetzung erhalten. In den USA wurde infolge Ersatz von Protein durch 600 000 t Harnstoff eine Einsparung von rund 2 Mill. t Sojabohnen möglich.

Die Verwertung von Milch in der üblichen flüssigen Form bringt Hindernisse verschiedener Art mit sich. In einigen Ländern besteht ein Überschuß, in vielen anderen aber ein Defizit. An mehreren Stellen sind Untersuchungen angestellt worden, wie man aus Milch unter Wasserentzug feste Produkte herstellen kann. Dabei wird die Milch erwärmt, kondensiert und zu einem Biskuit verarbeitet. In einem Biskuit, für dessen Herstellung 150—200 g Milch benötigt werden, sind mindestens 5 g wertvolles Protein, etwa 7 g Milchzucker und 6—8 g Milchfett enthalten. Zusätze von Mineralstoffen oder Vitaminen sind möglich. Auch verschiedene Aromen können zugefügt werden, wie Schokolade, Vanille und Früchte. Die Biskuits, die je 420 kJ (100 kcal) enthalten, eignen sich gut für die Kinderernährung. Dem Produkt werden lange Haltbarkeit und gute Lagerfähigkeit nachgesagt.

Vielerorts erfolgen intensive Bestrebungen, *Molke*, ein Rückstandsprodukt bei der Käseherstellung, zu verwerten. Im Käsereibetrieb nicht verwertete Molke trägt zu einer erheblichen Umweltbelastung bei. Molke hat einen hohen ernährungsphysiologischen Wert, ist leicht verdaulich und preisgünstig. Molke-Sahneprodukte mit Frucht- bzw. Schokoladengeschmack sowie Molke-Soja-Getränke mit Zitronen- oder Apfelsinengeschmack, sind als brauchbare Erzeugnisse bekannt geworden. Auch auf indirektem Wege ist Molke gut verwertbar. Eine Verwendung von Molkenhefe bei der Kälbermast hat keinerlei nachteilige Auswirkungen auf die Fleischbeschaffenheit, wie aus Untersuchungen der Bundesforschungsanstalt Kulmbach hervorgeht.

Den britischen Forschern PIRIE und FRANKLIN vom Landwirtschaftlichen Forschungszentrum Rothamsted bei London gelang die Entwicklung einer „automatischen Kuh“, ein kleines vollautomatisches chemisches Werk, das — auch minderwertige — Pflanzen in „Milch“ verwandelt. Aus den Pflanzen wird reines Protein als weißes Pulver gewonnen und dann mit Zusätzen von Fett, Zucker, Mineralsalzen, Vitaminen und Wasser in Milchform umgewandelt.

13.6 Schafwolle

In Neuseeland wurde ein Verfahren erprobt, das die Verwandlung von Schafwolle in eine verzehrbare Form betrifft.

Schafwolle enthält etwa 60% Protein, mithin etwa 5mal soviel wie Schaffleisch. Die Aminosäuren in der Wolle sind in einem biologisch günstigen Mischungsverhältnis. Wird Schafwolle auf chemischem Wege aufgelöst, getrocknet und zu einem feinen Pulver vermahlen, so ist sie als „herabgesetzte Wolle“ genießbar.

13.7 Mischprodukte

In den USA ist eine Mischung aus Maismehl, Sojamehl und Trok-kenmilch unter der Bezeichnung CSM (abgeleitet von corn, soja, milk) mit einem Gehalt von 20% Protein, darunter viel essentiellen Aminosäuren, Vitaminen sowie 2% Mineralstoffen in den Handel gekommen. CSM ist ein goldgelbes Granulat mit nußartigem Geschmack. Es erfüllt viele Anforderungen, die an ein vollwertiges Lebensmittel gestellt werden. CSM ist lagerfähig und billig. 100 g reichen aus, um die Hälfte des täglichen Bedarfs eines Kindes an Protein, Mineralstoffen und Vitaminen (ausgenommen Vitamin C) zu decken. CSM läßt sich küchentechnisch leicht und vielseitig verwerten, hat eine kurze Quellzeit und kann zu Suppen, Brei, Fladen oder als Getränk verwendet werden.

Ein Mischprodukt aus Weizenmehl und Soja (Wheat-Soja-Blend = WSB) verfügt auch über einen Proteingehalt von 20% und ähnliche Anteile an Aminosäuren, Mineralstoffen und Vitaminen. Im Vergleich zu CSM hat es einen höheren Fettgehalt.

Positive Erfahrungen wurden mit neuartigen proteinhaltigen Getränken gemacht. Getränke dieserart sind besonders gut geeignet, an der Lösung des Nährstoffversorgungsproblems mitzuwirken. Gewisse lokale Erfolge haben VITASOY, in Hongkong hergestellt und vertrieben, und SACI, aus Brasilien, aufzuweisen. SACI besteht aus Soja und Kakao, Mineralien, Vitaminen und Zucker. Es kann heiß und kalt getrunken werden.

Vom INCAP-Institut in Guatemala sind zahlreiche Versuche mit INCAPARINA-Mixturen durchgeführt worden. Diese haben sich hervorragend zur Deckung des Nährstoff-, insbesondere des Proteinbedarfs von „vulnerable groups“ (Kleinkinder, Heranwachsende, Schwangere, Stillende) erwiesen. Es handelt sich um Mischungen aus Mais, Hirse und Baumwollsamenschrot sowie Zusätzen von Aminosäuren, Vitaminen und Mineralstoffen. Selbst zur Vorbeugung und Bekämpfung von Kwashiorkor haben sie sich bewährt.

In mehreren afrikanischen Staaten zeichnen sich dahingehend Erfolge des Mischproduktes PRONUTRO (aus Maismehl, Magermilch, Erdnußkuchen, Sojabohnen, Fischmehl und anderen in geringeren Mengen vorkommenden Zusätzen) ab, einem Kindernährpräparat mit 22% Protein. In Kenia ist ein ähnliches Erzeugnis auf Maisbasis entwickelt worden unter der Bezeichnung SOPRO. In Äthiopien erhalten Kinder FAFA, ein Produkt, das als Grundsubstanz Erbsen und entrahmte Milch sowie Zusätze von Vitaminen und Protein enthält. Es ist preisgünstig und in Pulverform erhältlich, hat einen süßen Geschmack und bewährte sich bereits gut in der Kinderernährung. In Rhodesien wird NUTRESCO hergestellt, eine Mischung aus Mais, Fischmehl, Erdnüssen, Sojabohnen und Magermilch, mit einem Proteingehalt von 23%. In Nigeria wird ARLAC, ein Konzentrat aus Erdnüssen und Magermilch mit einem Proteingehalt von 42%, gewonnen. Allerdings hat sich noch keines dieser Produkte am Markt durchgesetzt.

Edible fatprotein — eine Mischung aus Öl und Eiweiß und eine neue Form pflanzlicher Proteinnahrung — wird in Großbritannien hergestellt. Nach dem Chayen-Verfahren der Impulsübertragung kann praktisch aus jeder Pflanze oder jedem pflanzlichen Stoff Protein gewonnen werden.

CHAYEN entwickelte bereits vor 1950 eine Methode der Zellsprengung, mit der die Trennung unbeschädigter Zellinhalte möglich wurde. Die Zellstruktur tierischer Knochen wurde durch die Übertragung von Schockwellen (Impulsen) auf einen Strom kalten Wassers in weniger als einer Sekunde gesprengt. Dabei wurden Fett und andere Zellbestandteile frei. Bei dem Chayen-Verfahren der Impulsübertragung erwies sich, daß mit der „Impulstechnik" auch die Zellinhalte anderer pflanzlicher Stoffe freigelegt werden können. Die weitere Forschung löste die Probleme der Absonderung von Protein in konzentrierter und schmackhafter Form und der Erzeugung von hochwertigem Öl und Kohlenhydraten als Abfallprodukte.

Erdnuß-Fettprotein wird an mehreren Orten, u. a. in Großbritannien, auf kommerzieller Basis hergestellt und unter der Bezeichnung *„Lypro"* angeboten. Äußerlich ist es ein angenehm schmeckendes, im Zerstäubungsverfahren getrocknetes Pulver. Die Beifügung von „Lypro" zu Fleischerzeugnissen, Speiseeis, Suppen,

Saucen, Mayonnaisen, Brot und Backwaren hat sowohl Struktur als auch Aroma und Wohlgeschmack dieser Lebensmittel verbessert. Brot, Kuchen, Eintopfgerichte, Suppen, Brei, Kekse und Teigwaren lassen sich in proteinreichere Lebensmittel mit erhöhtem Nährwert und besserer Genießbarkeit verwandeln. „Lypro“ kann auch in Form eines milchartigen Getränks je nach Geschmack mit Kakao- oder Kaffeearoma geliefert werden. Außerdem kann es Konfekt zur Verbesserung der Struktur und des Nährwertes beigefügt werden.

14. Unkonventionelle Proteinquellen

Trotz aller Produktionsmöglichkeiten ist jeder Steigerung an konventioneller Erzeugung oder Lebensmitteln pflanzlicher wie tierischer Herkunft, insbesondere von proteinreichen Substanzen, eine gewisse Grenze gesetzt. Unkonventionelle Proteinquellen dürften deshalb in Zukunft um so bedeutender werden. Über Marktanteile einzelner Verfahren gibt es noch keine exakten quantitativen Vorstellungen. Es läßt sich auch noch nicht prognostizieren, wann das der Fall sein wird. Derartige Produkte spielen gegenwärtig in der menschlichen Ernährung keine Rolle. Es läßt sich ferner nicht voraussagen, inwieweit sich einzelne unkonventionelle Proteinquellen in der zukünftigen Nachfrage bewähren werden. Das hängt insbesondere weitgehend davon ab, ob sie aus preislichen und organoleptischen Gründen sichere Absatzmärkte finden werden.

14.1 Single-Cell-Protein (SCP)

Schon länger sind Proteine in Form von Hefe oder des Schimmelpilzes Oidium (Oospora) lactis als Nahrungsmittel bekannt. Mit Hilfe unterschiedlicher Verfahren werden sog. *Single-Cell-Protein* (SCP) — Einzellerproteine produziert. Das sind Proteine, die aus mikrobiellen Einzellern gewonnen werden. Nach Rehm (1976) ist darunter auch die Gewinnung von Proteinen aus mehrzelligen Pilzen und mehrzelligen Algen zu verstehen, sofern diese mit mikrobiologischen Methoden gezüchtet werden.

14.1.1. Protein aus Erdöl

Die Gewinnung von SCP durch Biosynthese aus Erdöl bietet ein Beispiel für die Möglichkeiten der petrochemischen Industrie, Proteinkonzentrate in Massenproduktion zu liefern. Derart gewonnenes Protein kann bereits in der Tierfütterung eingesetzt werden. Wieweit solche Konzentrate ohne Fraktionierung der direkten menschlichen Ernährung dienlich sind, ist noch nicht abzusehen. SCP enthält zum Teil beträchtliche Mengen an Purinen aus RNS und DNS, die im menschlichen Organismus bis zur Harnsäure abgebaut werden.

Produkte, die mehr als 10% Nukleinsäuren enthalten, so wurde vorgeschlagen, sollen von Menschen nicht unmittelbar verzehrt werden. Daneben ist der hohe Anteil unverdaulicher Zellsubstanz zu berücksichtigen. Diese Umstände und die derzeit hohen Kosten rechtfertigen die Forderung, SCP erst nach entsprechender Prüfung aller Komponenten in die menschliche Ernährung zu integrieren. TOPRINA, ein SCP, wird von der BP in Hamburg vertrieben und ist ein hochwertiger Proteinträger.

Neben dem biologischen Wert des Proteins ist die Zusammensetzung der fraglichen Substanzen, insbesondere die Anwesenheit von Stoffen, die die menschliche Gesundheit bedrohen könnten, relevant. Die WHO hat in einer Richtlinie Anforderungen an die hygienisch-toxikologische Überprüfung aufgestellt. Dazu zählen die Bestimmung von toxischen Kontaminanten (Schwermetalle, toxische Naturstoffe) und des mikrobiologischen Status, die Bewertung von Nicht-Protein-Komponenten, wie Fettsäuren und Nucleinsäuren sowie sensorische Eigenschaften. Wolf et al (1975) haben über die spezifischen Anforderungen berichtet. Sie empfehlen, täglich nicht mehr als 20 g aufzunehmen, auf die Trockenmasse der Proteinträger bezogen sind dies 4%. Voraussetzung ist, daß die Gesamtkeimzahl unter 700/g liegt, der Nucleinsäuregehalt maximal 2%, der Cellulosegehalt höchstens 5% beträgt und der Fettgehalt möglichst gering ist.

Hefen treten zunehmend als Proteinlieferanten in den Vordergrund. Auch gegenüber Algen, die eigens zur Proteinproduktion kultiviert werden müssen, könnte Hefeeiweiß als Abfallprodukt der Erdölindustrie sich behaupten. Mikroorganismen, die Erdöl nicht verabscheuen, wurden in Öltanks gefunden. Bei eingehenderen Untersuchungen entdeckte man, daß sich manche Hefepilze auf Paraffin spezialisiert haben. Da diese wachsartige Substanz bei der Aufarbeitung des Erdöls Schwierigkeiten bereitete, untersuchte man, ob es nicht möglich sei, das lästige Wachs von Hefepilzen „wegfressen" zu lassen (CHAMPAGNAT 1956).

Eine Rolle spielt die Gewinnung von Hefe auf Melasse, einer bei der Zuckergewinnung zurückbleibenden, zähen braunen Flüssigkeit, die bis zu 50% Zucker sowie Stickstoffverbindungen enthält. Unter günstigen Bedingungen verdoppeln Mikroorganismen in solcher Lösung ihr Gewicht in etwa fünf Stunden.

Sie produzieren Protein weitaus schneller als unsere Nutztiere. Ihr Protein ist reich an den Aminosäuren, die in den meisten pflanzlichen Proteinen nicht in genügender Menge enthalten sind. Die Hefepilze sind bei ihrer enorm raschen Proteinproduktion weder auf Licht noch auf Regen angewiesen. Sie wachsen in Tanks, beanspruchen wenig Platz und verursachen nur geringen Arbeitsaufwand.

Die über alle Erdteile verstreuten 700 Erdölraffinerien könnten über 20 Mill. t Protein nebenbei produzieren, so wurde von fachkundiger Seite mehrfach berechnet. Das wäre ebensoviel Protein, wie auf der gesamten Erde jährlich in Form von Fleisch und Milch erzeugt wird. Die Produktion aus Erdöl könnte für längere Zeit die Ernährungsprobleme der Menschheit lösen, da für die nächsten Jahrzehnte ausreichende Erdölreserven gesichert sind. Damit wären die Voraussetzungen zu einer schnellen Hilfe für Unter- und Mangelernährung gegeben.

Eine große Anzahl von Mikrobenarten besitzt die Fähigkeit, in Kohlenwasserstoffgemischen zu leben und sich aktiv zu vermehren. In Laboratoriumskulturen, auf Böden von Lagertanks, in Klärbecken von Raffinerien, in mineralölgetränktem Erdboden und selbst unter Straßendecken aus Asphalt ist dies möglich. Die für den Vorgang benötigten Nährstoffe, wie Stickstoff, Phosphor, Kalium und Spurenelemente, werden aus Düngemitteln und billigen Chemikalien bezogen und den Kulturen in einer wässerigen Nährflüssigkeit zugeführt.

Der eigentliche Wert des neuen Produktes besteht in seinem hohen Gehalt an lebensnotwendigen Proteinen und Vitaminen. Tabelle 14 gibt Auskunft über die Zusammensetzung im Vergleich mit einigen konventionellen Lebensmitteln.

Tabelle 14 *Vitamingehalt von Lebensmitteln im Vergleich zu BP-Protein-Vitaminkonzentrat (mg/100 g)*

Bezeichnung	Thiamin	Riboflavin	Niacin	Pyridoxin	Cobalamin
Tagesbedarf pro Person (mg)[1]	1,6	2,0	12	1,8	0,005
Rindfleisch	1—3	2	75—275	1—4	.
Rinderleber	5—10	16	1—5	5	8
Milch	0,3—0,7	1—3	40—100	1—3	.
Getreide	0,5—7	1,0—1,5	10—30	3—6	.
Trockenhefe	2—20	30—60	200—500	40—50	.
BP-Konzentrat	3—16	75	180—200	23	0,11

Quelle: Berechnungen MPI-ERN

[1] Empfehlenswerte Höhe der Nährstoffzufuhr für männliche Erwachsene (DGE, 1975)

14.1.2 Süßwasseralgen (Mikroalgen)

Aussichtsreich erscheint auch die Züchtung einzelliger Süßwasseralgen, wie Chlorella oder Scenedesmus obliquus. Beide haben einen hohen Proteingehalt. Sie bringen günstige Ausbeute und verhalten sich bei unsteriler Züchtung in offenen Behältern relativ widerstandsfähig gegenüber Infektionen (z. B. durch Protozoen). Chlorella oder Scenedesmus obliquus wachsen und vermehren sich nicht nur in reinen Nährlösungen sondern auch in Bakterien, Kohlenstoff, Stickstoff und Nährsalze enthaltenden flüssigen Rückstände der Landwirtschaft und der städtischen Abwässer. Die zum Wachstum der Algen benötigten Mengen an Kohlendioxid und Ammoniak sowie die Mineralsalze, die bisher nur getrennt oder einzeln zugeführt wurden, lassen sich aus demselben Abfallstoff (wie Abwasser) gewinnen.

Das in der Kohlenstoffbiologischen Forschungsstation in Dortmund entwickelte Kulturverfahren mit Hilfe von Walzentrocknung gewonnene Algenpulver weist einen spinatartigen Geschmack auf und hat sich nach Meffert und Pabst (1963) für Tier und Mensch als gut verdaulich erwiesen.

Die Algen erfüllen eine wichtige Voraussetzung für die Massenproduktion, einer vollständigen Mechanisierbarkeit der Ernte sowie der Aufarbeitung und Umwandlung zu direkt genießbaren Substanzen. Chlorella kann überall gezüchtet und aufgearbeitet werden, wo Kohlensäure und Abwärme zur Verfügung stehen. Vor allem werden einzellige Algen in Großkulturen gezüchtet im Hinblick auf einen optimalen Proteingehalt sowie auf einen höheren Gehalt an Vitaminen und Mineralstoffen unter Verwendung einer Nährlösung mit verschiedenen anorganischen Salzen (Tab. 12). Für die unsterile Züchtung in offenen Behältern, wie im Gewächshaus und im Freiland, eignen sich besonders Scenedesmus-Arten. Angaben über die Zusammensetzung werden in Tabelle 13 gemacht.

Die optimale Temperatur für das Algenwachstum ist ferner abhängig von Lichtintensität und Belichtungsdauer. Ist die Temperatur im Verhältnis zu der Belichtungsdauer niedrig, wird das Wachstum durch Anwärmung gesteigert. Ist die Lichtmenge gering, schädigt eine Anwärmung die Algenkultur. Die Kultur kann sogar vernichtet werden.

Das Zentrifugat muß getrocknet werden. Die Ausnutzbarkeit im Verdauungstrakt hängt weitgehend von der Art der Trocknung ab. Je schonender getrocknet wurde, desto schlechter die Ausnutzung, wie Versuche an Ratten zeigten (Pabst 1974). Walzengetrocknete Algen (roller-dried algae) hatten Verdaulichkeiten von 90% und mehr. Erst wenn die Zellen beim Trocknen geplatzt sind, können die Verdauungsenzyme den Inhalt angreifen.

Der ernährungspsychologische Wert von Scenedesmus-Mikroalgen für den Menschen ist genau bekannt (Tab. 12 und 13). Scenedesmus-Algen sollten wegen ihres hohen Proteingehalts und ihrer hervorragenden biologischen Wertigkeit bevorzugt den unter Proteinmangel leidenden Menschen zugänglich gemacht werden.

Die Einsatzmöglichkeit für Mikroalgen sind vermutlich nicht auf großtechnische Algenkulturen beschränkt. Vielmehr ist denkbar, daß man in klimatisch geeigneten Entwicklungsländern kleinere Algenkulturen unter Einsparung kostspieliger Maschinen betreibt, um zusätzliches Protein zu gewinnen. Die Anlage arbeitsintensiver Kleinbetriebe mit niedrigen Investitionskosten ist ein besonderer Vorteil der Mikroalgenproduktion.

Tabelle 12 *Nährlösung für Scenedesmus obliquus*

mg/l	mcg/l
59 $MgSO_4 \cdot 7\,H_2O$	22 $ZnSO_4 \cdot 7\,H_2O$
4 MgO	181 $MnCl_2 \cdot 4\,H_2O$
44 KH_2PO_4	8 $CuSO_4 \cdot 5\,H_2O$
22 H_3PO_4	530 Fe-citrat
14 NH_3	530 Citronensäure

Quelle: Kraut (1968)

Tabelle 13 *Zusammensetzung von Scenedesmus obliquus*

g / 100 g	mg/100 g Trockensubstanz	
Protein 53,7 (52,5—61,1)	Thiamin	1,3
Fett 11,2 (7,2—14,7)	Riboflavin	3,9
Kohlenhydrate 15,9 (8,5—32,3)	Pyridoxin	0,18
P 1,9 ± 0,04	Cobalamin	0,04
Ca 0,17 ± 0,01	Niacin	7,3
Fe 0,37 ± 0,05	Pantothensäure	1,2
	Ascorbinsäure	12
	Tocopherol	11—18

Quelle: Kraut (1968)

14.2 Gesponnenes Protein

Als Ausgangsmaterial für die weitere Verarbeitung von Nährstoffen dient die Sojabohne. Deren Protein wird mit einem schwach alkalischen Lösungsmittel extrahiert, eingedickt und durch enge Spinndrüsen in ein Fällbad gepreßt. Die hauchfein koagulierten Eiweißfasern werden zunächst zu „Muskelfibrillen" und schließlich zu groben Muskelfasern verfilzt. Als Bindemittel dient ein Gemisch aus Albumin, Gluten und entfettetem Ölsamenmehl. Die endgültige Konsistenz wird durch Pressen der groben Fasern mit Pflanzenfetten erzielt. Neben Geschmacksstoffen erfolgen Zusätze mit essentiellen Aminosäuren und Vitaminen. Produziert werden z. B. geschmackliche Nachahmungen von gekochtem Rind-, Schweine-, Geflügel- und Fischfleisch.

Solche Entwicklungen zeichnen eine Richtung ab, die in absehbarer Zeit neue, mit den gegebenen Maßstäben noch nicht bewertete

Lebensmittel schafft. Sie entsprechen der äußeren Erscheinung nach weitgehend bekannten Produkten, wie versponnenes Pflanzenprotein. Bei „textured vegetable protein" (TVP) wird ungerechtfertigt von „Analogie-Fleisch" gesprochen. Derartige Proteinquellen müssen sorgfältige Regelungen in der Kennzeichnung finden. Ihre Einführung in notleidenden Ländern darf nicht durch das Odium eines „Ersatzlebensmittels" belastet werden. Vielmehr ist die gleiche biologische Wertigkeit dieser Nahrungsgüter in den Vordergrund zu stellen. Mit zunehmender Differenzierung des Lebensmittelangebotes entstehen durch Verarbeitung Produkte mit eigenen spezifischen Geruchs- und Geschmackskomponenten.

Die Worthington Foods Inc. im Staate Ohio, USA, verkauft in Supermärkten ein Erzeugnis, bei dem es sich um künstlich hergestellten Schinken handelt, der wie üblicher Schinken aufzubewahren, zuzubereiten und aufzutischen ist. Das Erzeugnis kann gebraten oder kalt, mit und ohne Tunke, mit Ananas und Ei garniert, als Brotbelag, in Salaten und Suppen verwendet werden. Die ernährungsphysiologischen Vorzüge bestehen darin, daß er nur 10% Fett enthält im Vergleich zu geräuchertem Schinken mit etwa 25% Fett. Jeder gewünschte Geschmack kann durch Aromatisierung erreicht werden. Der Margarine könnte z. B. Butteraroma zugefügt werden.

KESP (Edible Spun Protein) ist ein eßbares, gesponnenes Protein, das in einem dem Spinnen von Textilgarnen ähnlichen Verfahren aus Pferdebohnen hergestellt wird. Die dabei gewonnene Rohmasse — mit pflanzlichen und tierischen Fetten angereichert — wird vorgekocht und tiefgefroren. Im Vergleich zu Rind- und Geflügelfleisch enthält es mehr Protein, Kohlenhydrate und Spurenelemente. Sein Energiewert übertrifft den von Geflügelfleisch um das Zweifache, den von Steakfleisch um 50%. Der Zwang einiger europäischer Industriestaaten, ihre landwirtschaftlichen Nutzflächen optimal zu bewirtschaften, könnte dadurch in Zukunft den verstärkten Anbau von Pferdebohnen rechtfertigen. Mit dem daraus gewonnenen KESP ließe sich der ansteigende Proteinbedarf leichter decken als allein aus tierischen Produkten.

14.3 Synthetische Aminosäuren

Unter den synthetischen Aminosäuren sind vor allem Lysin und Methionin, womit das Protein der Cerealien und anderer pflanzlicher Produkte aufzuwerten ist, von Bedeutung. Technologisch schwierig ist es, Aminosäuren gleichmäßig zu verteilen, also sorgfältig unter andere Substanzen, wie Mehl, zu mischen, was zugleich primär einen Handel mit Mehl voraussetzt.
Essentielle Aminosäuren können die Ausnutzbarkeit eines Nahrungsproteins zu limitieren. Die geringe Wertigkeit eines Proteins läßt sich verbessern, wenn man die jeweils in zu geringer Konzentration enthaltenen essentiellen Aminosäuren in entsprechender Menge zusetzt. Eine Überdosierung von primär unterkonzentrierten essentiellen Aminosäuren kann zu unerwünschten Nebenwirkungen führen (Aminosäureimbalanz).
Die Ausnutzung von Weizenprotein läßt sich durch Zusatz von 0,5% Lysin um rund 50% steigern. Mit einem Zusatz von synthetischem Lysin und Tryptophan zu Maisprotein wird sogar eine 100%ige Erhöhung der biologischen Wertigkeit erzielt. Bei allen Leguminosen, einschließlich Sojabohnen, ist Methionin die limitierende essentielle Aminosäure. Der direkte Verbrauch an Sojabohnen (Sojaprotein) hat in vielen Ländern infolge guter Anpassung der Produkte an einheimische Verzehrsgewohnheiten vermehrt Eingang gefunden. Einige der synthetischen Aminosäuren sind zwar noch relativ teuer. Eine erhöhte Nachfrage könnte jedoch die Kosten für Methionin, Lysin, Tryptophan und eventuell Threonin in absehbarer Zeit auf ein ökonomisch vertretbares Niveau senken.

14.4 Meeresalgen

Meeresalgen sind eine der Reserven, die zu Hoffnungen berechtigen, die rapid anwachsende Erdbevölkerung zukünftig ausreichend mit Protein zu versorgen.
Unter den vielen makroskopischen Meeresalgen sind insbesondere Braun-, Rot- und Grünalgen von Bedeutung. Grünalgen enthalten

13,5% Protein und 5% Fett. Sie sind reich an Carotin und Vitamin C. Für die Viehfütterung werden seit längerer Zeit Braunalgen verwendet. Nach LOOSE (1966) stammen etwa 50% der Braunalgen aus japanischer Produktion. Die Blätter von Seekohl, einer auf dem Meeresboden wachsenden Braunalge, werden bis 15 m lang.

Meeresalgen wachsen in nennenswerten Mengen nur bis 40 Meter Tiefe auf steinigem oder felsigem Boden. Braunalgen gedeihen am besten in kälteren Meeren, Rotalgen vor allem in tropischem und subtropischem Meerwasser; Grünalgen wachsen überall. Nicht alle Algen sind eßbar. Die als Lebensmittel bedeutendste Gruppe sind Rotalgen, die überwiegend aus Japan kommen. Algen, die in vielerlei Form, überwiegend als Speise- und Suppenzutaten, schon seit Jahrhunderten gegessen werden, finden in Japan am meisten Verwendung, wenngleich auch die dortige Verbrauchsmenge nicht überschätzt werden darf.

Protein aus Algen kann in geeigneter Kombination mit anderen Proteinen dem tierischen Protein ebenbürtig sein. Algen enthalten neben Protein, Fett und wenig Kohlenhydraten auch mehrere Mineralstoffe und Vitamine. Algen bestehen zu 93% aus Wasser. Sie sind in feuchtem Zustand nicht lagerfähig. Um Algen zu verwerten, muß man sie trocknen. Dafür wird viel Energie (Wärme, Sonnenschein) benötigt, die oft nur jahreszeitlich begrenzt ausreichend zur Verfügung steht. Einstweilen werden sie noch auf primitivem Wege durch Ausbreiten an der Luft getrocknet.

Die Algennutzung sieht auf den ersten Blick bestechend aus. Je ha Wasserfläche kann die Wachstumsdichte bis zu 100 t betragen. Manche Laminaria-Algen bilden „Blätter" von mehr als 12 m Länge und 1 m Breite. Algen bedecken ein ganzes Meer (Sargassomeer vor Mittelamerika). Alle für das Algenwachstum erforderlichen Stoffe, wie Kohlensäure, Nitrat, Phosphat und Spurenelemente, werden mit dem Wasser ständig direkt an die Pflanze gebracht. Das Meerwasser ist immer in Bewegung. Was die Pflanzenwelt benötigt, verursacht keine merkliche Veränderung seiner Zusammensetzung. An der japanischen Küste nehmen Prophyra-Kulturen bereits auf künstlichen Unterlagen eine Fläche von mehr als 100 km² ein.

Die Ernte verursacht erheblichen manuellen Aufwand. Maschinen, die sie von ihrer Unterlage abreißen oder abschneiden, befinden sich im Stadium der Entwicklung. Die Kultivierung von Algen steht noch am Anfang. Wahrscheinlich wird es möglich sein, schnellwüchsige und ertragreiche Sorten zu züchten. Einstweilen ist der Geschmack noch ein Hindernis für einen unmittelbaren Konsum. Auf lange Sicht mögen Meeresalgen eine größere Bedeutung für die menschliche Ernährung erlangen, wenn es gelingt, diese Schwierigkeiten zu beheben.

15. Produktionssteigerung, Änderung des Angebots, Nahrungsreserven

Ohne energische Eigenanstrengungen der entwicklungsfähigen Länder auf dem Gebiet der Nahrungsproduktion dürfte eine spürbare Verbesserung der Ernährungssituation nicht möglich sein. Flankierend zu diesen Bemühungen sind Maßnahmen zur Sicherstellung der Welternährung auf einem Mindestniveau zu treffen. BOERMA, der frühere Generaldirektor der FAO, macht dazu folgende Vorschläge:

die Verpflichtung der internationalen Gemeinschaft, jederzeit die Verfügbarkeit angemessener Mengen von Grundnahrungsmitteln, insbesondere Getreide, entsprechend dem ständigen Verbrauchszuwachs sicherzustellen;

die Verpflichtung aller Teilnehmerstaaten zur Haltung nationaler Lager, die in ihrer Gesamtheit wenigstens eine minimale Menge von Grundnahrungsmitteln für die Erdbevölkerung als Ganzes sicherstellt. Bei der Planung des Bevorratungszieles ist eine Sicherheitsmenge für Notstandsfälle zu berücksichtigen;

die Verpflichtung zu laufenden Konsultationen zwischen allen Regierungen, um eine regelmäßige Bestandsaufnahme zu erlauben und dadurch drohenden Schwierigkeiten rechtzeitig und in abgestimmten Aktionen begegnen zu können;

die Gewährung bilateraler und multilateraler Hilfe an die Entwicklungsländer, um sie bei der Anlegung eigener nationaler Reserven zu unterstützen.

Der seit Anfang 1976 amtierende Generaldirektor SAOUMA empfiehlt im Blickpunkt auf „neue Dimensionen“:

Mehr Nachdruck auf Investitionen in Ernährung und Landwirtschaft zu legen.

Ein aus Eigengeldern der FAO finanziertes Programm für technische Zusammenarbeit aufzustellen, damit die FAO flexibler auf dringende, kurzfristige Bedürfnisse von Mitgliedsländern reagieren kann.

Einen engeren Kontakt mit Mitgliedsländern durch stärkere Dezentralisierung auf Länderebene aufzubauen, u. a. durch die Erneuerung von hauptamtlichen FAO-Vertretern.

Verlagerung des Schwerpunktes von langfristigen theoretischen Untersuchungen auf praktische Programme und konkrete Arbeit.

15.1 Düngemittel

Von der Welt-Düngemittelerzeugung entfielen im Wirtschaftsjahr 1971/72 auf die OECD-Länder 61%, während sie selbst 53% verbrauchten. Die entwicklungsfähigen Länder erzeugten nur 7% der Weltproduktion, verbrauchten aber 14%. Der Düngemittelverbrauch in der zweiten Ländergruppe liegt beträchtlich unter dem in den Industrieländern. Das gilt vor allem für Stickstoffdüngemittel. Während gegenwärtig für jeden ha LN in Westeuropa jährlich durchschnittlich etwa 70 kg Stickstoff verbraucht werden — in Nordamerika 33 kg —, sind es in Afrika nur 2 kg, im Nahen Osten 10,4 kg, im Fernen Osten 11,1 kg, in Lateinamerika 12,5 kg.

Wollte man den durchschnittlichen N-Verbrauch in den entwicklungsfähigen Ländern auf 30 kg/ha steigern, so wäre dafür eine Weltproduktion von 110 Mill. t erforderlich gegenüber etwa 35 Mill. t zur Zeit. Eine solche Verdreifachung der Produktion ist in absehbarer Zeit nicht zu erwarten. Es erscheint schon optimistisch, wenn Schätzungen eine Produktionssteigerung auf 70 Mill. t für 1980 als möglich in Betracht ziehen.

Jede Produktionssteigerung ist nur möglich, wenn entsprechende mineralische Düngemittel zur Verfügung stehen. Ein ausreichendes Angebot an Stickstoffdünger ist in erster Linie eine Energiefrage. Kalium dürfte selbst in absehbarer Zeit in genügendem Umfang verfügbar sein, während der Vorrat an Phosphor nicht unerschöpflich ist. Aus dem Meer sind dagegen unbegrenzte Mengen an Phosphor — was auch für Kalium gilt — zu gewinnen, was freilich auch wiederum ein energetisches Problem mit sich bringt.

15.2 Verändertes Lebensmittelangebot

Mit Hilfe von rehydrierbaren und mit dehydrierten Lebensmitteln können in Form von tisch- oder tafelfertigen Menüs Menschen unter speziellen Bedingungen (U-Bootbesatzungen, Raumfahrer) versorgt werden. Auch Nährstoffgemische, die als Infusion in die Vene oder per Sonde gegeben werden, sind per os aufnehmbar.

Neben unkonventionellen Nährstoffquellen werden vom Angebot, speziell von einer verbesserten Absatztechnik her, weitgehende Wandlungen erfolgen. An der Produktion von Lebensmitteln wird in Zukunft das Nahrungsmittelgewerbe stärker beteiligt sein:

Die Landwirtschaft in konventioneller Form wird aufgrund der weiterhin abnehmenden Bedeutung des Direktverkaufs, der steigenden Nachfrage nach vorbereiteten Lebensmitteln sowie der zunehmenden Ausweitung der Verarbeitung und Handelsspannen an Bedeutung einbüßen. Auch Bemühungen der Landwirtschaft um angemessene Vermarktungskonzeption werden diesen Trend im Prinzip nicht aufhalten, obgleich insbesondere Absatzgenossenschaften große Mengen in gleicher Qualität anbieten.

Der Anteil des Ernährungshandwerks am Gesamtausstoß des Nahrungsmittelgewerbes dürfte sich ebenfalls rückläufig entwikkeln. Bäcker- und Fleischerhandwerk, die einen hohen Anteil des Ernährungshandwerks ausmachen, eignen sich insbesondere für industrielle Herstellungsmethoden. Aufgrund der Substitionsvorgänge in Landwirtschaft, Ernährungshandwerk und Ernährungsindustrie sowie der zunehmenden Veredlungsgrade von Lebensmitteln, lassen sich die zukünftigen Aussichten für das Nahrungsmittelgewerbe günstig beurteilen. Allerdings muß die Nachfrage durch ständige Anregungen, Änderungen und Verbesserungen des Sortiments belebt werden. Die Aktivierung der Nachfrage, aber auch der steigende Wettbewerbsdruck, erfordern große Elastizität in der ständigen Anpassung der Herstellungs- und Verkaufsprogramme. Nahezu sämtliche Lebensmittel werden in Zukunft mehr Dienstleistungen enthalten. Diese müssen mit den Produkten in Form einer Vorverlagerung der küchenmäßigen Vor- und Zubereitung mitgeliefert werden.

Gleichzeitig werden weitere Qualitätssteigerungen bei allen Lebensmitteln erfolgen. Das gilt einmal in ernährungsphysiologischer Hinsicht, zum anderen im Hinblick auf spezielle Funktionen und Nachfragekollektive, wie einzelne Berufs- und Altersgruppen. Es wird vermehrt Speziallebensmittel für ältere Leute, Säuglinge, Kleinkinder, Sportler, vorwiegend geistig und körperlich Arbeitende geben. Das Angebot wird ferner vielfältiger gestaltet werden. Dadurch entsteht zwar ein gewisser Widerspruch, denn für jede großtechnische Herstellung ist eine Standardisierung erwünscht. Im Zusammenhang damit steht eine Verbesserung der Absatztechnik.

Der Hang der konsumierenden Bevölkerung zur Bequemlichkeit tritt immer mehr in den Vordergrund, was sich namentlich in der veränderten Einstellung zur Küchenarbeit und der ablehnenden Haltung gegenüber Dienstleistungen zeigt. Die Kenntnisse vieler Hausfrauen in der Nahrungszubereitung werden lückenhafter; in der Zubereitung spezieller Dinge allerdings teilweise genauer. Das Wissens- und Praxisfundament, das in früheren Zeiten für „das Kochen" erworben bzw. für nötig gehalten wurde, ist nicht mehr vorhanden und wird von der Mehrheit der jüngeren Generation abgelehnt. Unkonventionelle Verzehrsgewohnheiten breiten sich aus. Eine schonende und sachkundige Aufbereitung von Lebensmitteln findet steigende Beachtung. Bei erhöhter Nachfrage nach Mahlzeiten außer Haus ergibt sich auch infolge der Knappheit von Küchenpersonal ein vermehrter Bedarf an Großküchenerzeugnissen.

Durch Streben nach Erhaltung von Gesundheit und Leistungsfähigkeit, Verlängerung der Freizeit und den damit verbundenen Betätigungen sowie des ungünstigen Einflusses durch Genuß größerer Mengen alkoholhaltiger Getränke, werden alkoholfreie Getränke begünstigt werden. Bei Zwischenmahlzeiten, auch während physiologisch empfehlenswerter Pausen bei der beruflichen Arbeit, aus anderen Motiven ebenfalls, bevorzugt man Snacks sowie „Knabberartikel" (nibblings), wie Dauerbackwaren, Nüsse, Potatochips. Gesalzene Produkte haben dabei den Vorrang. Eine steigende Aversion gegen zuckergesüßte Erzeugnisse einzelner Verbrauchergruppen ist aus protokollarischen Ernährungsanamnesen eindeutig zu erkennen. Diätetische Lebensmittel — auch rohfaserreiche — haben zunehmende Bedeutung.

15.3 Rückwirkungen auf Nahrungsreserven

Global betrachtet müssen sich Nahrungsversorgung und Nachfrage etwa die Waage halten. Ein für die Erdbevölkerung rechnerisches Gleichgewicht zwischen den Industrieländern, die ihre Produktion viel schneller ausdehnen können, als ihre Nachfrage steigt, und den entwicklungsfähigen Ländern, in denen die Nachfrage schneller wächst als die Produktion, zeichnet sich ab.
In einer FAO-Studie kommt zum Ausdruck, daß ein großes Reservoir an materiellem, biologischem und menschlichem Produktionspotential brachliegt. In Afrika und den Tropengebieten Südamerikas könnten ausgedehnte Landflächen, die für die landwirtschaftliche Nutzung geeignet seien, kultiviert werden. Im Sommer 1975 orderte die Sowjetunion infolge unzureichender eigener Erzeugung etwa 20 Mill. t Weizen in den USA. Die US-Farmer begrüßten diese Aktion, während die Verbraucherpreise stark anstiegen und eine weitere Verknappung eintrat. Es besteht die Aussicht, daß die Getreidevorräte noch weiter zurückgehen werden. In weiteren typischen Ausfuhrländern haben sich die Getreidevorräte ebenfalls stärker verringert. Lagerschwund und Lagerkosten möchte kein Land über Gebühr auf sich nehmen. Die Reisreserven sind auch geringer geworden. Die Weltgetreidevorräte machten 1976 nur 13% des Jahresverbrauchs aus (FAO 1977).
Obwohl die Ernten seit 1973 beachtlich gut waren, genügte der Produktionszuwachs in den Ländern mit Marktwirtschaft nicht, einen weiteren Rückgang der Exportvorräte zu verhindern. In den meisten entwicklungsfähigen Ländern erholte sich die Produktion wieder, nicht jedoch in den Ländern der Sahel-Zone. Dort war eine größere internationale Hilfsaktion notwendig, um der verbreiteten Hungersnot zu begegnen.
Die Weltpreise für Getreide stiegen 1972 steil an und kletterten in den folgenden Jahren noch höher. Bei sinkenden Nahrungsreserven wurden Programme der Hungerhilfe gekürzt, und Ent-

wicklungsländer mit Nahrungsdefizit sahen sich weiterhin dem Problem ausgesetzt, die höhere Belastung durch Nahrungsimporte finanzieren zu müssen.

Ein Hauptfaktor des Preisanstieges war die durch eine wachsende Nachfrage nach tierischen Produkten hervorgerufene Nachfrage nach Getreide und anderem hochwertigen Viehfutter, wie Sojabohnen und Fischmehl. Damit spielte sich bei den Preisen für viele landwirtschaftliche Erzeugnisse eine Kettenreaktion ab. Die Nachfrage nach Fleisch stieg schnell als Folge der wachsenden Pro-Kopf-Einkommen in den Industrieländern.

Der Anstieg der Fleischpreise begann in stärkerem Umfang um 1970. In Japan stieg der Fleischverbrauch zwischen 1969 und 1976 um über 100%. In den entwicklungsfähigen Ländern lag der jährliche Getreideverbrauch pro Kopf bei 170 kg, wobei dieses Getreide überwiegend direkt verbraucht wird. In Kanada und den USA betrug der Jahresverbrauch an Getreide pro Kopf der Bevölkerung ungefähr eine Tonne, wovon nur ein Bruchteil in Form pflanzlicher Nahrung verzehrt wurde. Für Tierfutter stieg der Weltgetreideverbrauch seit 1960 jährlich etwa um 6% an. In den Ländern mit hohem Einkommen, in denen etwa 30% der Erdbevölkerung leben, wurden 54% des gesamten 1970 verbrauchten Getreides verzehrt. Die über 370 Mill. t Getreide, die in diesen Ländern jährlich für Viehfutter verwendet werden, sind mehr als der gesamte Getreideverbrauch von China und Indien zusammengenommen.

Die Weizenernte 1976 beträgt nach einer Schätzung des Internationalen Weizenrates (IWC) rund 400 Mill. t. Sie ist damit um 12,7% größer als 1975 und übertrifft den Rekord des Jahres 1973 um 7,1 Prozent. Der Anstieg ist vor allem auf die Ernteseigerung in der UdSSR auf 90 (1975: 66) Mill. t zurückzuführen. Der Umfang des Welt-Weizenhandels 1976/77 ist nach Angaben des IWC auf 57,5 bis 62,5 Mill. t zurückgegangen, da viele Entwicklungsländer einen geringeren Einfuhrbedarf hatten. Die Weltweizenvorräte werden voraussichtlich um rund 15,4 Mill. t oder 41% auf 53,2 Mill. Tonnen aufgestockt. Davon werden etwa die Hälfte in den USA und ein Viertel in Kanada lagern.

Die Milchproduktion in den wichtigsten Erzeugerländern der Welt ist 1976 nach Angaben des US-Landwirtschaftsministeriums vor allem wegen der Trockenheit in Europa und Australien nur um 1% auf 383,2 Mill. t gestiegen. Die Produktion an Butter hat um etwa 0,5% auf 5,6 Mill. t, an Käse um 3,3% auf 7,4 Mill. t und an Magermilchpulver um 1,7% auf 3,9 Mill. t zugenommen. Trotz der geringen Zunahmen sind die Absatzmöglichkeiten für Milchprodukte begrenzt.

16. Familienplanung

Der Verfasser erhebt keinen Anspruch, die folgenden Bemerkungen in den Text voll zu integrieren. Im Gesamtzusammenhang der Fragestellung darf jedoch ein derartiger Hinweis nicht fehlen. Mehr kann es nicht sein.
Die Familienplanung ist ein Menschenrecht. Das ist die Überzeugung von den nationalen Gesellschaften, die den Internationalen Verband für Familienplanung (IPPF) bilden. Die Familienplanung ist darüber hinaus ein wesentlicher Faktor für die Verwirklichung vieler anderer Menschenrechte, die in der Erklärung für Menschenrechte der Vereinten Nationen im Jahre 1948 genannt werden. Familienplanung bedeutet Planung und Verwirklichung der Kinderzahl in einer Familie und der Abstand zwischen den Geburten. Dazu sind Kenntnisse geeigneter Methoden nötig. Ohne diese Kenntnisse nehmen zahlreiche Menschen Zuflucht zu schädlichen Methoden, um die Größe der Familie einzuschränken — oder erdulden Kinderlosigkeit, die möglicherweise zu vermeiden wäre. Millionen Menschen in nahezu allen Ländern haben keine oder unzureichende entsprechende Kenntnisse.
Einige entwickelte Länder empfehlen den entwicklungsfähigen Ländern, daß sie Regelungen für eine „Bevölkerungskontrolle" treffen sollen. Das führt zu verärgerten Reaktionen gegen diese Einmischung in nationale Angelegenheiten von den Regierungen der entwicklungsfähigen Länder und zu Protesten von Individuen gegen das Eindringen in das persönliche Leben von Individuen in Ländern, deren Regierungen solche Maßnahmen getroffen hatten.

In den letzten Jahren sind gewisse Fortschritte gemacht worden. Europäische Länder und die USA haben erkannt, daß sie sich nicht anmaßen können, entwicklungsfähige Länder auf dem Gebiet der Familienplanung zu beraten, solange die Situation im eigenen Land zu wünschen übrig läßt.

Das Verlangen von Studierenden aus diesen Ländern, dahingehend ausgebildet zu werden, hat den Mangel an Unterricht in den entwickelten Ländern hervorgehoben. Dieser Mangel ist keineswegs auf Länder beschränkt, in denen gesetzliche Bestimmungen eine Familienplanung behindern, sondern er gilt für viele Länder. So haben die entwickelten Länder Nutzen gezogen aus der Situation der übrigen Länder. Wenn den Entwicklungsländern Hilfe auf dem Gebiet der Familienplanung angeboten werden soll, müssen auch alle angebotenen Methoden im helfenden Land angewendet werden, um Mißverständnisse zu vermeiden. Der Generaldirektor der WHO forderte eine verstärkte Tätigkeit und Mithilfe, um die Familienplanung in die Fürsorge für Mütter- und Kindergesundheit und in die öffentliche Gesundheitstätigkeit zu integrieren. Familienplanung soll den Status der Frau verbessern und das ökonomische Wachstum fördern.
Es besteht kein Zweifel, daß ohne Familienplanung eine vollwertige Ernährung für die Erdbevölkerung nicht möglich ist.

17. Schlußbemerkung

Neben dem quantitativen Nahrungsmangel gibt es einen qualitativen Nahrungsmangel. Mangel besteht hauptsächlich an Protein tierischer und pflanzlicher Herkunft sowie an Energiewerten. Reichen diese Nahrungsfaktoren aus, ist Unterversorgung nahezu nicht möglich.
Kinder, insbesondere Kleinkinder, haben je kg/KG einen sehr hohen Bedarf an hochwertigem Protein. Ausgeprägter Mangel führt zu pathologischen Zuständen (Kwashiorkor, Marasmus) und zum Tode. Auch beim Heranwachsenden und Erwachsenen, die mit der üblichen Nahrung ihren Proteinbedarf nicht decken, zeigen sich Mangelerscheinungen, zunächst in verminderter körperlicher und geistiger Leistungsfähigkeit. Ein weiteres Stadium ist die Protein-Kalorien-Mangelernährung, die ohne Abgrenzung von Kwashiorkor in einem fließenden Übergang erreicht wird. Der Mangelernährte ist keine vollwertige Arbeitskraft, hat daher nur geringes oder fast kein Einkommen und ist nicht in der Lage, sich vollwertig zu ernähren. Er befindet sich im „Teufelskreis der Armut“. Mangelernährung ist auch Ursache für erhöhte Anfälligkeit weiterer Krankheiten (Infektionskrankheiten). Permanenter Hunger ist daher oft mittelbare Todesursache.
Mit unkonventionellen Methoden Lebensmittel und folglich Nährstoffe zu erzeugen, zielt vornehmlich auf Substanzen mit hoher Proteindichte. Primär sollen die natürlichen pflanzlichen Proteinquellen verstärkt werden. Im weiteren Verlauf gehören dazu eine Steigerung der Leistungen in der Viehzucht, sowie der Binnenfischerei; darüber hinaus eine planmäßige Nutzung der Meere (Fische und Schaltiere).
Wichtig ist ferner eine ökonomischere Ausnutzung der natürlich vorhandenen Nährstoffquellen, durch Verbesserung der Ernährungsgewohnheiten. Das betrifft auch die gewerbliche und küchenmäßige Behandlung der verfügbaren Lebensmittel und ihren

Schutz vor verderblichen Einflüssen. Weiter als die Intensivierung der natürlichen Quellen geht die Anreicherung konventioneller Nahrung mit synthetisch erzeugten Aminosäuren. Vielversprechende Ansätze sind wahrzunehmen. Da es Lebensmittel sind, die der Distribution unterliegen, kann man dadurch leichter der infolge Urbanisierung einhergehenden Wertminderung der Nahrung begegnen.

Die unkonventionellen Möglichkeiten sind vielgestaltig:
Hefekulturen auf Melasse, die bei der Zuckerherstellung anfällt;
Protein aus grünen Blättern, wobei freilich riesige Mengen Blätter zu einem günstigen Zeitpunkt geerntet werden müssen;
Verwertung von Ölkuchen (Soja, Baumwollsamen, Erdnüsse);
Fisch-Protein-Konzentrat (FPC);
Meeres- und Süßwasseralgen;
Biosynthese von Erdölderivaten mit Hilfe von Mikroben.

Gegen manche dieser Produkte wird eingewandt, sie seien für den menschlichen Verzehr nicht geeignet; sie träten in einer Form auf, die der Einführung hinderlich seien. Körnige oder mehlige Substanzen ohne Geschmack und Geruch werden in der Regel nicht akzeptiert. Man kann solche Produkte auch als therapeutische Mittel für die Verbesserung von Gesundheit und Leistungsfähigkeit verabreichen. Man kann, was noch einfacher ist, Produkte anreichern, wie Trockensuppen und andere Instanterzeugnisse sowie Getränke.

Der größte Teil der auf diesem Weg zu gewinnenden Nährstoffe wird in absehbarer Zeit noch als Viehfutter genutzt werden müssen. Dabei erhält man an hochwertigem Protein in Form von Fleisch, Milch, Eiern 10 bis maximal 30% des verfütterten Proteins. Konventionelle Futtermittel müssen durch unkonventionelle Erzeugnisse teilweise ergänzt oder ersetzt werden. Der tierische Proteinbedarf wird heute zu einem großen Teil durch Magermilch gedeckt. Von knapp sechs Mill. t, auf Trockensubstanz berechnet, bekommt das Vieh fast vier Mill. t. Von der haltbaren und leicht transportablen Trockenmagermilch werden bei einer Weltjahresproduktion von zwei Mill. t 800 000 t an Tiere verfüttert.

Das entwickelte Verfahren zur Gewinnung von Nährstoffen aus Mikroalgen ist in ernährungsphysiologischer Sicht empfehlenswert.

Nach der Trocknung können sie ohne Bearbeitung verwendet werden. Sie sind lager- und transportfähig. Die Anzucht ist von Energiezufuhr abhängig. Mittels Photosynthese wird Sonnenlicht genutzt. Vorteilhaft ist die relative Ortsunabhängigkeit der Produktion und damit der Wegfall von Transportwegen. Die Gewinnung kann dort stattfinden, wo Algen gebraucht werden. Klima- und Bodenverhältnisse sind nicht relevant.

In der Geschichte der Menschheit wird die gegenwärtige Dekade u. a. unter dem Aspekt beurteilt werden, in welcher Form die Industrieländer die Herausforderung der Welternährungskrise annehmen. Die USA machen sich stellvertretend für die Industrieländer die Bürde der Verantwortlichkeit einer Sicherung der Welternährung bewußt. Die Welternährungssituation läßt die Frage offen, ob alle Anforderungen nach Lebensmitteln — wie bisher noch bis zu einem gewissen Grade möglich — gedeckt werden können.

Zur Verdopplung der Agrarerzeugung in den entwicklungsfähigen Ländern müssen die mineralischen Düngermengen etwa um das Zehnfache erhöht werden. Pflanzenschutz- und Schädlingsbekämpfungsmittel müssen erheblich gesteigert werden. Für eine entsprechende Mechanisierung, Produktion und Verteilung landwirtschaftlicher Produktionsmittel sind weitere sehr hohe Investitionen erforderlich. Hoffnungen auf eine Patentlösung sind so unwahrscheinlich wie Wundermittel.

Wenn bis 1985 eine Lösung des Welternährungsproblems abzusehen sein soll, muß bis zu diesem Zeitraum

a) das globale Bevölkerungswachstum entscheidend reduziert werden,

b) das Nahrungsaufkommen in weiten Teilen der Welt bedeutend gesteigert werden.

Um dieses Ziel in den Bereich des Möglichen zu bringen, müssen alle Entwicklungsanstrengungen der hilfegebenden Länder auf der Grundlage langfristiger Programme und Planungen unmittelbar in den Dienst dieser Aufgabe gestellt werden. Das bedeutet ferner eine Revolution der bisherigen Auslandshilfepraxis. Die Mitgliederländer der FAO haben auf der FAO-Konferenz im Dezember

1977 erneut zur Kenntnis nehmen müssen, daß die Effizienz der von der FAO geleisteten technischen Hilfe sehr zu wünschen übrig läßt.

Bis jetzt ist der Wettlauf zwischen Bevölkerungswachstum und Steigerung der Nahrungserzeugung ungünstig verlaufen. Steigt die Erdbevölkerung bis 1985 mit gleicher Wachstumsrate wie in den letzten Jahren, muß die Produktionsrate an Nahrungsenergiewerten um etwa 50% gesteigert werden.

Wirkungsvolle — und gesundheitsunschädliche — Maßnahmen der Geburtenkontrolle können die Geburten um 25—30% reduzieren. Das ist möglich, wenn sich die Industrieländer massiv um derartige Programme bemühen und die entwicklungsfähigen Länder ihnen die notwendige Priorität einräumen. Dann ist bis 1985 immer noch eine starke Steigerung des Nahrungsangebotes in qualitativer Sicht notwendig.

Die Steigerung der Nahrungserzeugung und Reduzierung des Bevölkerungswachstums sind verschiedene, aber voneinander abhängige Ziele. Eine ernährungswirtschaftliche Evolution ist von einem gesamtwirtschaftlichen Entwicklungsprozeß abhängig. Wo der Anreiz zur Erhöhung der Agrarproduktion fehlt, der Einsatz ernährungswirtschaftlicher Produktionsmittel mit zu großen Risiken für Erzeuger und Verarbeiter einschließlich Ernährungsgewerbe verbunden sind, besteht nur wenig Hoffnung, Subsistenzwirtschaften durch marktorientierte Land- und Ernährungswirtschaft zu ersetzen.

Solche Programme brauchen eine Zeit von mehreren Jahrzehnten. Sie sind nur erfolgreich, wenn sie auf gründlichen Kenntnissen der lokalen Bedingungen beruhen.

Das Welternährungsproblem ist weniger ein *Produktions-* als ein *Bildungs-*, *Verteilungs-*, *Finanzierungs-* und last not least ein *politisches Problem.*

Literaturverzeichnis

Andreae, B.: Rationellere Wassernutzung als Teilfrage des Welternährungsproblems, Ber. Ldw. 53 (1975) 70

Ayres, R. v.: Die Ernährung der anwachsenden Erdbevölkerung, Science 180 (1967) 100

Baade, F.: Der Wettlauf zum Jahre 2000. Stalling, Oldenburg 1960

Berry, J. A.: Adaption of photosynthetic processes to stress, Science 188 (1975) 644

von Blanckenburg, P., Cremer, H.-D.: Handbuch der Landwirtschaft und Ernährung in den Entwicklungsländern, Band 1 und 2; Ulmer, Stuttgart 1967

Brock, J. F. und Autret, M.: Kwashiorkor in Afrika, WHO-Monographie No. 8. Genf 1952

Champagnat, A.: Biosynthesis of proteins from petroleum. In: Proc. VIII Intern. Congress Nutrition, Vieweg, Braunschweig 4 (1967) 916

Champagnat, A., C. Vernet, B. Laine, J. Filosa: Biosynthesis of protein-vitamin-concentrates from petroleum, Nature 197 (1963) 13

Clark, C., M. Haswell: The Economics of Subsistence Agriculture, MacMillan, London 1964

Cremer, H.-D.: Die Aufgaben der Ernährungswissenschaft für eine gesicherte Zukunft der Menschheit. Naturwissenschaftl. Rundschau 2 (1969) 233

Cutting, C. L.: Fish in Nutrition, Nature 192 (1961) 1013

von der Decken, H., G. Lorenzl: Nahrungsbilanzen, Handbuch der Landwirtschaft und Ernährung in den Entwicklungsländern 1 (1967) 548, Ulmer, Stuttgart

Douglas, S. D., Schopfer, K.: Phagocyte function in protein-calorie malnutrition, Clin. Exp. Immunol., 17 (1974) 121

Douglas, S. D., Schopfer, K.: Host defense mechanismus in protein-calorie malnutrition, Clin. Immunol. Immunopath., 5 (1976)

Fischbeck, K.: Süßwasser aus dem Meer, Bild der Wissenschaft, 8 (1971) 581

Fischnich, O.: Die Versorgung der Welt bis zum Jahre 2000, Proc. VIII. Intern. Congress, Nutrition, Vieweg, Braunschweig 4 (1967) 835

Gabbud, J. P., Gbedemah, K. A., Ravelli, G. P., Herzen, S., Meylan, Cl., von Muralt, A.: Biochemical study of the nutritional status of children in the Lvory Coast. Proc. 9th International Congress of Nutrition, Mexico, 1972, Karger, Basel, 4 (1975) 128

Gale, U. M.: Reports on the Dietary and Nutritional Surveys Conducted in Certain Areas of Burma, Supt. Gov. Printing and Stationery, Rangoon 1948

Garza, C., Scrimshaw, N. S. Young, V. R.: Human protein requirements: evaluation of the 1973 FAO/WHO safe level of protein intake for young men at high energy intakes, Br. J. Nutr. 37 (1977) 403

Gatellier, L.: Make food from crude oil, Hydrocarbon Processing 43 (1964) 143

Gross, H.: Aktuelle Probleme der Welternährungslage und ihr Platz in der internationalen Klassenauseinandersetzung, Ernährungsforschung 20: (1975) 35

Hanau, A.: Entwicklungstendenzen der Ernährung, 35, BLV-Verlagsgesellschaft, München 1962

Hardy, R. W. F., Havelka, U. D.: Nitrogen fixation: A key to world food? Science 188: 633—643 (1975)

Isenberg, G.: Tragfähigkeit und Wirtschaftsstruktur, Bremen-Horn 1953

Jung, L., Rohmer, W.: Bodenerosion und Bodenschutz, in Handbuch der Landwirtschaft und Ernährung in den Entwicklungsländern, Band 2, von P. von Blanckenburg und H. D. Cremer, Verlag E. Ulmer, Stuttgart 1971

Keys, A., Brozek, J.: Body fat in adult man, Physiol. Rev. 33 (1953) 245

Kofrányi, E.: Protein and Amino Acid Requirements: Nitrogen Balance in Adults, in: Bigwood, E. J. (ed): Protein and Amino Acid Functions, Pergamon Press, Oxford 1972

Kofrányi, E., Jekat, F.: Zur Bestimmung der biologischen Wertigkeit von Nahrungsproteinen, VIII. Die Wertigkeit gemischter Proteine. Hoppe-Seyler's Z. physiol. Chem. 335 (1964) 174

Kracht, U.: Von der Eiweißkrise zur Nahrungsmittelkrise, Z. f. ausl. Landw. 14 (1975) 205

Kraut, H.: Persönliche Mitteilung, unveröffentlicht (1968)

Kraut, H.: Rehabilitation unterernährter Kinder in Tanzania mit proteinreichen pflanzlichen Landesprodukten. Qual. Plant. — Pl. Fds. Hum. Nutr. 26 (1976) 121

Kraut, H., Soeder, C. J.: Konventionelle und nicht-konventionelle Eiweißquellen zur Deckung des Eiweißbedarfs der Menschheit. Jb. 1967 des Landesamtes für Forschung des Landes Nordrhein-Westfalen, Düsseldorf 1967

Kurth, G.: Kann die Bevölkerungsexplosion gestoppt werden? Umschau 74 (1974) 264

Lowenstein, F. W.: Krankheiten durch Mangelernährung, in Hdb. der Landw. u. Ern. in Entwicklungsländern, von P. von Blankenburg und H. D. Cremer, 1 (1967) 525, Ulmer, Stuttgart

De Maeyer, E. M.: Clinical Manifestations of Malnutrition, in Food, Man and Society, Plenum Press New York and London 1976

Meffert, M. E., Pabst, W.: Über die Verwertbarkeit der Substanz von Scenedesmus obliguus als Eiweißquelle in Ratten-Bilanz-Versuchen, Nutr. Dieta 5 (1963) 235

Meske, C.: Agrarkultur von Warmwasser-Nutzfischen, Stuttgart 1973

Mitra, K.: A Supplement of the Results of Diet Surveys in India. 1935 bis 48. Indian Council of Medical Research, Special Report Series, N. 20, New Delhi 1953

Morrison, J. E., Pirie, N. W.: J. Scient. Food Agrc. 12 (1961) 1

von Muralt, A., Rey, L.: Two optical methods for the assessment of malnutrition. Proc. 9th International Congress of Nutrition, Mexico, 1972; Karger, Basel 2 (1975) 239

Pabst, W.: Die Proteinqualität einiger Mikroalgenarten, ermittelt im Ratten-Bilanzversuch, 1. Scenedesmus, Coelastrum und Uronema, Z. f. Ernährungswissenschaft 13 (1974) 73

Papageorgiou, E.: Die aktuellen Strömungen der Landwirtschaft Europas und das Welternährungsproblem, Agr. Ec. Rev., V (1969) 2

Penck, A.: Das Hauptproblem der physischen Anthropogeographie, Sitzungsberichte der Preußischen Akademie der Wissenschaften, 24 (1924) 249, Deutsche Akad. d. Wissenschaften, Berlin

Postmus, S.: Beri-beri by moeder en kind in Burma. Ann. de la Soc. Belge de Méd. Trop., 38 (1958) 445

Prasad, A. S., Schulert, A. R., Miale, A., Farid, Z., Sandstead, H. H.: Zinc and Iron Deficiencies in Male Subjects with Dwarfism and Hypogonadism but without Ancylostomiasis, Schistosomias or Severe Anaemia. Am. J. Clin. Nutr. 12 (1963) 437

Rao, K. V.: Patterns und trends on food consumption in India, J. Nutr. and Dietet. 4 (1967) 79

Rehm, H. J.: Biotechnologie der Einzellen-Protein-Gewinnung, Ernährungs-Umschau 23 (1976) 307

Scharlau, K.: Bevölkerungswachstum und Nahrungsmittelspielraum, Methoden und Probleme der Tragfähigkeitsuntersuchungen, Bremen-Horn 1953

Schopfer, K., Douglas, S. D.: Immunological aspects of infantile protein-calorie malnutrition. Bull. Schweiz. Akad. Med. Wiss. 37 (1975) 327

Schopfer, K., Douglas, S. D.: Fine structural studies of peripheral blood leucocytes from children with kwashiorkor: morphological and functional properties. Brit. J. Haemat. 32 (1976) 568

Schwarz, K.: Methoden der Bevölkerungsprognose unter Berücksichtigung regionaler Gesichtspunkte, Taschenbücher zur Raumplanung, Bd. 3, Hannover 1975

Sen, B. R.: Half the World is Underfed. (Freedom from Hunger Campaign-News, Oct. 1961), Rome 1961; Reader's Digest (deutsche Ausgabe) Januar 1963

Soeder, C. J., Kraut, H.: Zur globalen Beurteilung der Eiweißversorgungslage der Menschheit, Zeitschr. f. ausländische Landwirtschaft 14 (1975) 377

Stamer, H.: Landwirtschaftliche Marktlehre, I. Bestimmungsgründe und Entwicklungstendenzen des Marktes. Parey, Hamburg 1966

Sukhatme, P. V.: The world's hunger and future needs in food supplies. J. royal stat. soc. Series A (General) 124 (1961) Part 4

Sukhatme, P. V.: The world food supplies, J. roy. stat. soc. 129 (1966) 222

Sukhatme, P. V.: Recent Trends in World Food Availability and their Implications, Proc. 9th. int. Congr. Nutr. 3 Karger, Basel (1975) 10

Terra, G. J. A.: The significance of leaf vegetables, especially of cassava in tropical nutrition, Trop. geogr. Med. 16 (1964) 97

Timmermann, F.: Ernährungssicherung durch Fortschritte in Agrarforschung und -technik, Kali-Briefe 13 (1976) 1. Folge

Virtanen, A. I.: Ernährungsmöglichkeiten der Menschheit und die Chemie, Naturwissenschaftl. Rundschau 14 (1961) 371

Virtanen, A. I.: Milcherzeugung bei Kühen, die völlig eiweißfrei ernährt werden, in Akt. Ber. Verd.- und Stoffw.-Krankheiten 5, Thieme, Stuttgart 1971

Waterlow, J. C., Rutishauser, Ihe: Malnutrition in man, in Early Malnutrition and Mental Development, Symposia of the Swedish Nutrition Foundation, Almquist und Wiksett, Uppsala 1974

Whitehead, R. G., Dean, R. F. A.: Serum Amino Acids in Kwashiorkor, II. An Abbreviated Method of Estimation and its Application, Amer. J. Clin. Nutr. 14 (1964) 320

Wirths, W.: Versuch einer Nahrungsbilanz für die Weltbevölkerung, Agrarwirtschaft 12 (1963) 153

Wirths, W.: Nährstofferzeugung in der Welt. Z. f. Ausland. Landwirtsch. 3 (1964) 265

Wirths, W.: Über die Nährstoffversorgung der Bevölkerung ausgewählter Regionen unter besonderer Berücksichtigung des Proteinmangels. Med. Welt 33 (1965) 1843

Wirths, W.: Zur Entwicklung der Ernährungssituation der Weltbevölkerung. Umschau 66 (1966) 497

Wirths, W.: Proteinzufuhr ausgewählter Populationen im Aspekt des FAO-reference pattern. Ernährungs-Umschau 17 (1970) 131

Wolf, A., Hrivnák, D., Marešová, P., Svábová, M.: Die gesundheitliche Bewertung neuer Proteinquellen, Die Nahrung 19 (1975) 657

Yanagi, K.: Beriberi in Japan. Nutr. Rev. 8 (1960) 339

DGE: Empfehlungen für die Nährstoffzufuhr, Umschau, Frankfurt a. M. 1975

FAO: Energy yielding components of food and computation of calorie values, Washington, D. C. 1947

FAO: Dietary Surveys, their technique and interpretation, Nutritional Studies, No. 4, Rom 1949

FAO: Protein Requirements. FAO Nutritional Studies Nr. 16, Rom 1957

FAO: Manuel on household food consumption surveys, Nutritional Studies No. 18, Rom 1962

FAO: First, Second, Third World Food Survey. FAO Rom 1946, 1952, 1963

FAO/WHO: Protein Requirements, Report of Joint FAO/WHO Expert Group, WHO Techn. Rep. Ser. No 301, Rom 1965

FAO: The State of Food and Agriculture 1967, Rom 1968

FAO/WHO: Energy and Protein Requirements, Report oft Joint Ad Hoc-Expert Committee, Rom 1973

FAO: The state of food and agriculture 1974, Rom 1975

FAO: Production Yearbook, Rom yearly

FAO: Third World Food Survey. Freedom from Hunger Campaign, Basic Study, No. 11. Rome 1963

FAO: Agricultural Commodities Projections, 1970—1980 (FAO, Rom 1970)

FAO: Statistics Series No. 2, Production Yearbock, 29 (1975)

FAO: Monthly Bull. agric. ECON Statist., Statistical Tables, Special Feature Food Supply, 25, Heft 4, 7, 8 (1976) 26, Heft 1, 2 (1977)

FAO: Die FAO 1976, Rom 1977

Institute of Nutrition in Tunis: persönliche Mitteilung 1976

OECD: Weltagrarmächte 1975—1985, Untersuchung der weltweiten Entwicklung von Angebot und Nachfrage bei den wichtigsten Agrarprodukten, Paris 1976

Population Reference Bureau: Population Data Sheet 1972, Washington D. C. 1972

Protein-Calorie Malnutrition. A Nestlé Foundation Symposium. A. von Muralt, ed., Springer, Heidelberg 1969

UN: International Action to avert the impending protein crisis, New York 1968

UN: Assessment of the World Food Situation — Present and Future. World Food Conference E/Conf. 65/3, Rom 1974

WHO: Monograph on Endemic Goiter. WHO Monograph Ser., No 44. Genf 1960

WHO: Epidemiological Report; 17 (1964)

WHO: Joint Expert Committee on Nutrition: Eight Report, Food Fortification, Protein Calorie Malnutrition, WHO, Techn. Rep. Ser. 447 Genf 1971

Sachregister

Notizen

Notizen